Spodumen aus Brasilien, als großer Kristall und als geschliffener Edelstein.

Christine Woodward
Roger Harding

EDELSTEINE

Übersetzer: Gerrit und Dr. Berthold Jäger

statt   nur
€ 1.00
Hugendubel

EDELSTEINE IN DER GESCHICHTE

Den Wunsch nach Schmuck und schönen Gegenständen teilen wir mit unseren frühesten Vorfahren. Unsere Ringe, Glücksbringer und Kronjuwelen belegen Traditionen des »Sich-Schmückens«, von Magie und Brauchtum, die sich viele Jahrtausende zurückverfolgen lassen.

Zum ältesten Schmuck aus etwa 20 000 Jahre alten Gräbern zählen Muschel-, Knochen- und elfenbeinerne Halsketten. Die Bedeutung dieser Gegenstände für den Besitzer ist uns nicht bekannt. In jüngerer Zeit wurden Edelsteine als Symbole geistiger und weltlicher Macht verwendet, um Wohlstand und Status zur Schau zu stellen, und um den Träger vor zahlreichen Unglücken, die ihm in der unsicheren Welt begegnen könnten, zu bewahren.

Schönheit und Attraktivität von Gold und kostbaren Steinen bewirkten eine frühzeitige Blüte des Schmuckhandwerks. So war in China die Bearbeitung von Jade bereits vor 4500 Jahren bekannt, und zur gleichen Zeit gestalteten sumerische und ägyptische Künstler feingliedrige, mit Lapislazuli, Karneol, Türkis, Amethyst und Granat besetzte Schmuckstücke (Abb. 1).

1 Sumerischer Hofschmuck aus der Stadt Ur, besetzt mit Lapislazuli und Karneol.

2 Kamee des Kaisers Augustus, 1. Jh. v. Chr.

EDELSTEINE IN DER GESCHICHTE

3   Der Schah-Diamant.

Achate waren für die Römer von besonderem Reiz. Römische Graveure verstanden es, die verschiedenfarbigen Schichten auszunutzen und fertigten daraus Kameen von unübertroffener Schönheit an.

Diese Kameen wurden äußerst hoch geschätzt und einige noch lange nach Untergang des Römischen Reiches als Schmuck genutzt, teilweise sogar ergänzt. Das Diadem der Augustus-Kamee (Abb. 2) wurde z. B. im Mittelalter verändert.

Was ist der Ursprung der Schmucksteine? Die ersten waren wahrscheinlich auffällig gefärbte Kiesel aus Flußbetten und von Stränden, die Auge und Phantasie des Menschen reizten. Mit fortschreitender Entwicklung der Zivilisationen entstanden aufgrund organisierten Bergbaus und Handels zuverlässigere Versorgungsquellen, wodurch eine größere Auswahl edler Steine erhältlich war. Die Ägypter gruben nach Türkis auf der Halbinsel Sinai und nach Amethyst bei Assuan, Lapislazuli dagegen wurde aus Badakhshan in Afghanistan importiert, dem einzigen Vorkommen in alter Zeit. Die Römer förderten in Deutschland nahe Idar-Oberstein beachtliche Mengen an Achat. Diese Vorkommen bildeten, nach jahrhundertelanger Vernachlässigung, im Mittelalter die Grundlage einer blühenden, bis heute fortbestehenden ortsansässigen Industrie.

Die für ihren großen Artenreichtum bekannten Edelsteinseifen von Indien, Sri Lanka und Burma liefern seit vielen Jahrhunderten die prächtigsten Diamanten, Saphire, Rubine und Spinelle. Handschriftliche Aufzeichnungen des Sanskrit belegen, daß indische Diamanten vor über 2000 Jahren eine wichtige Quelle staatlicher Steuereinnahmen darstellten.

Die großen Edelsteine dieser Vorkommen haben schon immer eine starke Faszination ausgeübt. Einige haben, vom kommerziellen Wert abgesehen, eine durch zahlreiche ungewöhnliche Abenteuer geprägte einzigartige Identität. Als im Jahre 1526 der Kohinoor-Diamant dem Mogul Kaiser Babur überreicht wurde, legte man den Wert des Steines mit »den Geldausgaben eines Tages der gesamten Welt« fest. Einige dieser Edelsteine tragen sogar schriftliche Beweise einer berühmten Vergangenheit, wie der Schah-Diamant (Abb. 3), der mit den Namenszügen dreier königlicher Besitzer, einschließlich des Schahs Jahan, versehen ist.

Vorzügliche Edelsteine stammen aus Vorkommen von Amerika, Afrika, Australien und Sibirien, die erst vor relativ kurzer Zeit entdeckt wurden. Stattliche kolumbianische Smaragde erreichten erstmalig Europa im 16. Jahrhundert aus den Plünderungen der Konquistadoren. Sie übertrafen diejenigen, die zuvor im Habachtal (Österreich) und in Ägypten geschürft wurden, sowohl in Farbe als auch in Größe (Abb. 4). Besonders reiche Edelsteinlagerstätten von Topas, Turmalin, Chrysoberyll und Achat wurden bei der Erforschung Brasiliens bekannt. Als zwei wichtige Entdeckungen des 19. Jahrhunderts gelten die südafrikanischen Diamanten und die australischen Opale.

Unser Jahrhundert führte zur Ausbreitung der Diamantenindustrie bis nach Sibirien, Australien und in zahlreiche afrikanische Länder. Erst kürzlich entdeckte Minerale bzw. Mineralvarietäten, wie beispielsweise Charoit und Tansanit, haben das Angebot der Juweliere bereichert. Die Funktion des Schmucks bleibt dennoch für die Menschen heute von gleicher Bedeutung wie für unsere Vorfahren – zu verschönern und zu beeindrucken.

4   Anhänger der spanischen Renaissance-Epoche, besetzt mit kolumbianischen Smaragden.

5   Saphire und Diamanten in modernem Schmuck.

WAS SIND EDELSTEINE?

Schon seit frühester Zeit finden zahlreiche natürliche und künstliche Stoffe als Schmuck und für Dekorzwecke Verwendung. Im Lauf der Jahrhunderte erhielt der Begriff »Edelstein« eine feste Bedeutung, die eines natürlich vorkommenden Minerals, welches aufgrund der Schönheit begehrenswert und aufgrund der Seltenheit wertvoll ist, und welches beständig genug ist, um daran dauerhaften Gefallen zu finden.

Die Mehrzahl der Edelsteine sind Minerale, die unter sehr verschiedenen Bedingungen im Erdinnern gebildet wurden. Minerale besitzen eine bestimmte chemische Zusammensetzung und ein spezielles Anordnungsmuster ihrer Atome, so daß ihre physikalischen und optischen Eigenschaften konstant sind oder nur in äußerst geringen Grenzen variieren. Diese Kennzeichen, wie beispielsweise die Dichte oder die Lichtbrechung, können exakt gemessen werden und dienen damit der Mineralbestimmung.

Edelsteine sollten nach Möglichkeit hart sein und sich als widerstandsfähig gegenüber Einflüssen des alltäglichen Lebens wie Temperatur, Druck, zerkratzendem Staub und Chemikalien erweisen. Ihre Mehrzahl besteht aus Silikaten; dazu gehören neben Smaragd, Aquamarin, Chrysolith und Amethyst auch zahlreiche weniger bekannte Raritäten. Zu den Oxiden zählen Rubin, Saphir, Spinell und Chrysoberyll. Diamant ist unter den Edelsteinen einzigartig, besteht er doch aus nur einem einzigen chemischen Element, nämlich aus Kohlenstoff. Jade und Lapislazuli können als Gesteine, also Gemenge mehrerer Minerale, aufgefaßt werden.

Pflanzen und Tiere liefern den Rohstoff für die empfindlicheren »organischen« Edelsteine, die seit frühester Zeit als Schmuck Verwendung finden. Gagat und Bernstein sind versteinertes Holz bzw. Harz vorzeitlicher Bäume; Perlen, Muscheln und die Mehrzahl der Korallen bestehen aus Kalziumkarbonat und sind durch im Wasser lebende Tiere gebildet worden. Elfenbein stammt aus Zähnen (insbesondere Stoßzähnen) von Land- und Meeressäugetieren.

8 Orangefarbener Saphir.

6 Kamee aus der Schale einer Helmschnecke.

7 Diamantkristall in Kimberlit.

SCHÖNHEIT

9 Großer geschliffener Zitrin.

Die Schönheit der Edelsteine offenbart eine nahezu unbegrenzte Vielfalt. Verantwortlich dafür ist vor allem das Licht. So verursachen Wechselbeziehungen zwischen Mineral und Licht die ausgeprägten Farben von Rubin und Lapislazuli, das blitzende Feuer des Diamanten und das Spiel der Regenbogenfarben in Opal. An der Oberfläche reflektiertes Licht versieht jeden Edelstein mit einem charakteristischen Glanz, wie zum Beispiel die Brillanz von Diamant und das zarte Leuchten von Jade. Das sanfte Glühen des Mondsteins resultiert von Licht, das im Inneren dieses Edelsteines gestreut und reflektiert wird.

Die vollendete Schönheit zahlreicher Edelsteinarten beruht auf der Kombination prächtiger Farbtöne mit makelloser Transparenz. In einigen Edelsteinen sind dagegen Mineraleinschlüsse von sehr wesentlicher Bedeutung. Diese sind verantwortlich für das Farbflimmern in Aventurinquarz und Sonnenstein ebenso wie für die Reflexionen des Katzenauges und für das Aufleuchten von Sternen bei einigen Chrysoberyllen und Saphiren.

Der Reiz des eher zart gefärbten Achats und Jaspis liegt in der großen Vielfalt von Zeichnungen und inneren Strukturgebilden, die sich während des Wachstums dieser Minerale entwickelten. Die dabei entstandenen Streifenmuster ähneln im Zusammenwirken mit Mineraleinschlüssen oft exotischen Landschaften und Gärten.

Im Rohzustand zeigen die meisten Edelsteine kaum Schönheit: Erst durch geschicktes Schleifen und Polieren offenbaren sich Farbe und Glanz in vollem Umfang. So entfaltet sich das großartige Feuer des Diamanten am besten in äußerst präzise geschliffenen und wohlproportionierten Steinen.

Während des Tragens von Juwelen verursachen unsere Bewegungen eine ständige Veränderung des Lichteinfalls, wodurch sich zu Farbe und Glanz der Edelsteine zusätzlich das Glitzern einstellt. Scheinwerferlicht steigert das »Leben« von Diamanten, Rubinen und Smaragden, dagegen betont eine sanfte Beleuchtung das Glühen von Bernstein und Perlen.

SELTENHEIT

Das Wesensmerkmal der Edelsteine ist in erster Linie die Schönheit; zusätzlich schafft deren Seltenheit ein Umfeld von Exklusivität und Wert, was unseren Wunsch nach Besitz verstärkt. Diese Seltenheit bestimmt die phantastischen Preisvorstellungen für viele Edelsteine.

Edelsteine können in mehrerer Hinsicht selten sein. Oft sind es Varietäten sonst weitverbreiteter Minerale, deren Seltenheit auf Außergewöhnlichem an Farbe oder Klarheit beruht. Quarz und Feldspäte bilden über zwei Drittel des Mineralbestandes der Erdkruste, sind aber meist grau und cremefarben. Nur ein geringer Bruchteil des Quarzes besitzt die herrliche Farbe und makellose Transparenz von erstklassigem Amethyst; auch der Labradorit-Feldspat entfaltet nur selten ein regenbogenartiges Schillern (Abb. 11). Einige wenige Edelsteinminerale kommen generell selten vor: Diamant bildet einen verschwindend geringen Anteil des Muttergesteins Kimberlit – etwa 5 Gramm in 100 Tonnen. Andere Minerale enthalten seltene chemische Elemente, in Smaragd und Taaffeit ist es z. B. Beryllium (Abb. 12).

Bei einigen außergewöhnlichen Edelsteinen kommt zu den besonderen Eigenschaften noch eine außerordentliche Größe hinzu: Das Gewicht des Cullinan-Diamanten betrug im Rohzustand 3106 Karat. Cullinan I (Abb. 10) wiegt 530,20 Karat und ist weltweit der größte geschliffene Diamant von makelloser Farbe.

Der kommerzielle Wert eines Edelsteins hängt von der Farbqualität, von der Armut an Einschlüssen und vom Gewicht ab. Das Gewicht der Edelsteine wird in Karat (5 Karat = 1 Gramm) gemessen, eine Bezeichnung, die im Handel allgemein gebräuchlich ist. Die Dichte von Edelsteinmineralen ist unterschiedlich, folglich erscheint ein gelber Saphir im Vergleich zum weniger dichten Zitrin gleichen Gewichts kleiner. Die Dichte des Edelsteins (auch spezifisches Gewicht genannt) ist das Verhältnis seines Gewichts zu einem gleichgroßen Volumen Wasser.

Der Wert eines Edelsteins ist, ähnlich wie bei allen Schönheitsidealen, Schwankungen unterworfen. Er ändert sich daher entsprechend allgemeiner Nachfrage und Verfügbarkeit.

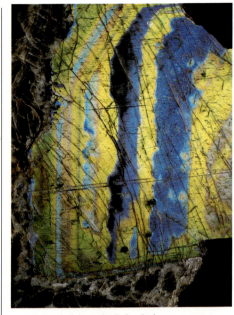

11 Labradorisierender Labradorit.

10 Der Große Stern von Afrika (Cullinan I), gefaßt im Zepter mit dem Kreuz der Britischen Kronjuwelen.

12 Facettierter Taaffeit.

BESTÄNDIGKEIT

Viele Edelsteine überleben ganze Epochen aufgrund ihrer Widerstandsfähigkeit gegen Chemikalien; auch sind sie meist hart genug, eine hochwertige Politur zu bewahren, außerdem splittern oder zerbrechen sie nicht ohne weiteres.

Die Härte ist das Maß des Widerstands eines Edelsteins gegenüber Abnutzung. Der einfachste und weitverbreitete Standard hierfür ist die Mohssche Härteskala, die 1822 vom deutschen Mineralogen Friedrich Mohs aufgestellt wurde. Hierfür wählte Mohs 10 bekannte Minerale aus und sortierte sie entsprechend der jeweiligen Ritzhärte, so daß ein Mineral sämtliche Minerale mit niedrigerer Härtezahl ritzen kann. Geordnet nach zunehmender Härte umfaßt die Skala Talk (1), Gips (2), Kalzit (3), Fluorit (4), Apatit (5), Orthoklas (6), Quarz (7), Topas (8), Korund (9) und Diamant (10).

Da fast sämtlicher Staub und Sand unseres Umfeldes aus Quarz, der Nummer 7 auf der Skala nach Mohs besteht, sollte ein Edelstein eine Härte von 7 oder größer besitzen, um eine gute Politur zu bewahren.

Die Intervalle der Mohsschen Härtegrade stellen keine gleichwertigen Zunahmen der Härten dar. So ist der Härteunterschied zwischen Diamant und Korund deutlich größer als der zwischen Korund und Talk. Exakte Härteangaben werden durch Methoden wie das Verfahren nach Knoop (Abb. 13) ermöglicht. Dabei wird die mit einer Diamantspitze unter bestimmtem Druck erzeugte Kerbe im jeweiligen Mineral ermittelt.

Eine weitere Voraussetzung für eine gute Trageeigenschaft eines Edelsteins ist dessen Zähigkeit oder Sprödigkeit. Smaragd und Zirkon sind zwar härter als Quarz, aber spröde, sie splittern daher leicht. Diamant und Topas zählen zu den zahlreichen Edelsteinen, die beim Niederfallen oder beim Stoß gegen harte Gegenstände entlang Flächen schwacher Atombindung spalten können (Abb. 15). Die zähesten Edelsteine sind Jadeit, Nephrit und Achat, alle mit einer Härte von 7 oder wenig darunter. Ihre Festigkeit beruht auf ihrer Struktur, einem Filzwerk feinster und ineinandergreifender Nädelchen oder Körnchen; dies ermöglicht die Fertigung graziler Gefäße und feingliedriger Skulpturen (Abb. 14).

15 Spaltflächen in einem Diamantkristall.

13 Härteskalen nach Mohs und Knoop.

14 Extrem dünne Nephritschale; das kleine Bild zeigt die Struktur von Nephrit bei 35facher Vergrößerung.

KRISTALLSTRUKTUR

Das äußere Bild gleichförmig gestalteter Kristalle spiegelt die geordnete Atomstruktur wider, die in den meisten Mineralen existiert. Im Idealfall werden kristalline Substanzen aus Bauteilen zusammengesetzt, die in Form, Größe und chemischer Bindung übereinstimmen, wobei die äußere Form dieser Grundbausteine die Symmetrie und die gesamte Gestalt des Kristalls bestimmen. Ein Mineral kristallisiert in einem der sieben Kristallsysteme, wie in Abb. 16 an Beispielen gezeigt wird. In der Natur herrschen nur selten ideale Wachstumsbedingungen vor, so daß in fast allen Mineralen Strukturfehler und chemische Verunreinigungen vorkommen.

Die Kristallstruktur beeinflußt zahlreiche Mineraleigenschaften, die sowohl für das Schleifen von Edelsteinen als auch für deren Identifizierungen wichtig sind (Abb. 17). So können zum Beispiel Atome entlang bestimmter Kristallflächen weniger stark gebunden sein; dies sind dann Bruchflächen oder Richtungen der Spaltbarkeit. Ebenfalls variiert in Abhängigkeit von bestimmten Richtungen im Kristall die Härte. Die Kristallstruktur beeinflußt auch den Weg des Lichtes bei dessen Ausbreitung durch eine feste Substanz. So wird in sämtlichen Mineralen, die weder kubisch noch nichtkristallin sind, das Licht in zwei Strahlen aufgespalten. In farbigen Mineralen können diese Strahlen durch die kristalline Struktur unterschiedlich stark abgebremst werden und entweder als zwei oder drei verschiedene Farbtöne wie auch als Schattierung ein und derselben Farbe in Erscheinung treten. Dieses als Pleochroismus bezeichnete Phänomen bewirkt die in vielen Edelsteinen erkennbare Richtungsabhängigkeit der Farbe.

17 Die Kristallstruktur von Kunzit.

Kunzit ist pleochroitisch: der tiefste Farbeindruck ergibt sich beim Blick auf das Kristallende. Edelsteine, deren Schliffflächen im rechten Winkel zur Längsrichtung des Kristalls angelegt sind, geben die beste Farbe wieder. In Längsrichtung betrachtet erscheint Kunzit nahezu farblos.

Kunzit besteht aus Ketten von Silizium- und Sauerstoffatomen. Diese Ketten werden durch zwischenliegende Lithium- und Aluminiumatome verbunden. Hier mehrere millionenfach vergrößert.

Nur selten sind Kunzitkristalle so perfekt ausgebildet wie in der großen Zeichnung dargestellt.

Unregelmäßige Begrenzungen und Flächen.

Unregelmäßige Oberfläche dort, wo der Kristall auf dem Muttergestein aufgewachsen war.

Kunzit ist in zwei Richtungen leicht spaltbar: entlang Flächen schwacher Atombindung zwischen den Silizium-Sauerstoff-Ketten.

Kubisch
Diamant, Granat

Tetragonal
Zirkon

Hexagonal
Smaragd, Aquamarin

Trigonal
Rubin, Saphir

Orthorhombisch
Peridot

Monoklin
Orthoklas

Triklin
Axinit

16 Die sieben Systeme der Kristallsymmetrie.

LICHT UND EDELSTEINE

Jedes Edelsteinmineral hat zum Licht konstante und meßbare Beziehungen, die auch zur Identifizierung herangezogen werden können.

Der in ein Mineral eintretende Lichtstrahl wird abgebremst und vom ursprünglichen Weg gebrochen, d. h. abgelenkt (Abb. 18). Kubische und nichtkristalline Minerale sind einfachbrechend, hier wird das Licht in sämtlichen Richtungen des Kristalls in gleichem Maße verzögert und gebrochen. Die in den übrigen Systemen kristallisierenden Minerale sind doppelbrechend, das eindringende Licht wird in zwei Strahlen unterschiedlicher Geschwindigkeiten und Brechungen zerlegt. Bei Mineralen wie Kalzit (Abb. 19), in denen diese Unterschiede besonders ausgeprägt sind, kann man Doppelbilder deutlich erkennen.

Eine konstante mathematische Beziehung, der sogenannte Brechungsindex, besteht zwischen dem Winkel, unter dem Licht auf ein Mineral trifft, und dem Winkel der Ablenkung dieses Lichts im Inneren des Kristalls. Einfachbrechende Minerale besitzen nur einen einzigen Brechungsindex. Doppelbrechende Minerale lassen dagegen ein breites Band von Brechungsindices zwischen einer Ober- und einer Untergrenze erkennen; die zahlenmäßige Differenz zwischen Maximal- und Minimalwert wird als Doppelbrechung bezeichnet.

Der Begriff Glanz beschreibt die Menge des von der Oberfläche eines Edelsteins oder Minerals reflektierten Lichts. Diamant zeigt einen sehr starken Glanz, der als Diamantglanz eine feststehende Bezeichnung bildet. Die Mehrzahl der Edelsteine besitzt glasartigen Glanz, wogegen weniger glänzende Oberflächen, z. B. von Türkis, Nephrit und Bernstein, als wachsartig, fettig oder harzig beschrieben werden.

Herrliche Effekte werden durch Lichtreflexionen an Mineraleinschlüssen und durch den Innenbau einiger Edelsteine hervorgerufen. Katzenaugen (Abb. 21) und Sterne (Abb. 44) entstehen durch Reflexion an parallelen Fasern oder Röhrchen, die sich in bestimmten Richtungen im Kristall ausgebildet haben.

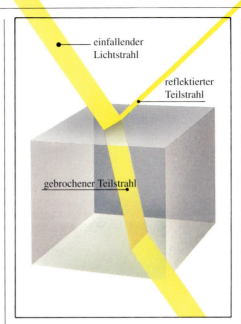

18 Reflexion und Refraktion.

20 Der Glanz von Zirkon.

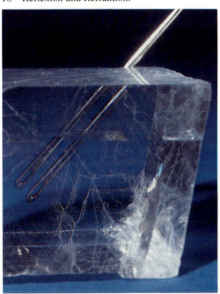

19 Doppelbrechung bei Kalzit.

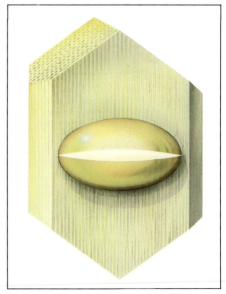

21 Katzenaugeneffekt bei Chrysoberyll.

FARBE

Viele Edelsteine erscheinen farbig, da ein Teil des einfallenden weißen Lichts vom Kristallinnern absorbiert wird. Weißes Licht ist ein Gemenge zahlreicher Einzelfarben (s. S. 11), doch erst nachdem eine oder mehrere dieser Farben entfernt werden, erscheint das aus dem Edelstein tretende Licht gefärbt. Die Ursachen dieser Absorption sind kompliziert, meist spielen hierbei bestimmte chemische Elemente sowie Fehler oder Unregelmäßigkeiten der Kristallstruktur eine wesentliche Rolle.

Die meisten Edelsteine werden durch einen nur geringen Anteil von Metallen gefärbt, wobei Chrom, Eisen, Mangan, Titan und Kupfer besonders wichtig sind. Chrom verleiht Rubin ein intensives Rot und Smaragd sowie Demantoid-Granat das strahlende Grün; dagegen bewirkt Eisen eher feine Tönungen von Rot, Blau, Grün und Gelb in Almandin-Granat, Spinell, Saphir, Peridot und Chrysoberyll. Die Farbgebung der geschätzten blauen Saphire wird durch Titan und Eisen hervorgerufen. Kupfer bildet die blauen und grünen Farben von Türkis und Malachit, Mangan das Rosa des Rhodonits und das Orange des Spessartin-Granats.

Bei den meisten Edelsteinen sind diese metallischen Elemente eine Art Verunreinigung, d. h. man trifft sie in geringen Spuren. Solche Steine können eine breite Palette verschiedener Farben aufweisen (Abb. 22). Da die Konzentrationen dieser Verunreinigungen jedoch nur gering sind, kann in einigen Fällen der Farbton durch Erhitzen oder durch Bestrahlung mit Gamma- bzw. Röntgenstrahlen verändert, d. h. verstärkt oder ausgelöscht werden.

Bei nur wenigen Edelsteinen zählen die farbgebenden Elemente zu den Hauptbestandteilen. Beispiele sind Kupfer bei Türkis, Mangan bei Rhodonit und Eisen bei Peridot wie auch in Almandin-Granat. Die Farbschwankungen dieser Minerale sind sehr begrenzt und meist auf Schattierungen einer Farbe beschränkt (Abb. 23).

22 Saphire und Rubine werden durch Spuren metallischer Beimengungen gefärbt.

23 Türkis besitzt einen ganz typischen Blauton.

REGENBOGENFARBEN

Die hell leuchtenden Farben von Opal und Labradorit entstehen ebenso wie das Funkeln des Diamanten durch Aufgliederung des weißen Lichts in dessen farbige Bestandteile. Weißes Licht setzt sich aus elektromagnetischen Wellen verschiedener Wellenlängen zusammen, wobei jede Wellenlänge in einer bestimmten Farbe erscheint. Ein vollständiges »Regenbogen«-Spektrum reicht von den langen roten bis zu den kürzeren violetten Wellenlängen.

Dispersion ist die Ursache des »Feuers« vieler Edelsteine. Tritt Licht in ein Mineral ein, werden die verschiedenen Wellenlängen mit unterschiedlicher Stärke gebrochen, Rot am geringsten und Violett am stärksten, so daß es zur Auffächerung des Farbspektrums kommt (Abb. 24 oben). Edelsteinminerale besitzen sehr unterschiedliches Dispersionsvermögen.

Interferenz verursacht das Irisieren von Labradorit sowie Regenbogeneffekte an Spaltrissen und auf angelaufenen Oberflächen. Trifft das Licht auf sehr dünne transparente Mineralschichten, wie beispielsweise im Labradorit, wird dieses sowohl von der oberen als auch von der darunterliegenden Grenzfläche reflektiert (Abb. 24 unten). Da die reflektierten Strahlen unterschiedliche Wegstrecken zurückgelegt haben, sind die Wellentäler und -berge der verschiedenen Wellenlängen entweder übereinstimmend oder gegeneinander versetzt. Eine Farbe wird durch gleichen Wellenverlauf verstärkt, bei versetztem Rhythmus ist dagegen kaum eine oder überhaupt keine Farbe zu sehen.

25 Dispersion im Cullinan-II-Diamant.

Im Edelopal, der aus transparenten, stets gleichgroßen und schichtweise angeordneten Kügelchen aufgebaut ist, wird das Licht an einem Netzwerk aus Zwickelhohlräumen reflektiert (Abb. 26). Zwischen den heraustretenden Lichtstrahlen kommt es zur Interferenz, wobei die Palette sichtbarer Farben sowohl von der Größe der Kügelchen als auch vom Betrachtungswinkel zum Opal abhängt.

27 Farbenspiel bei Opal.

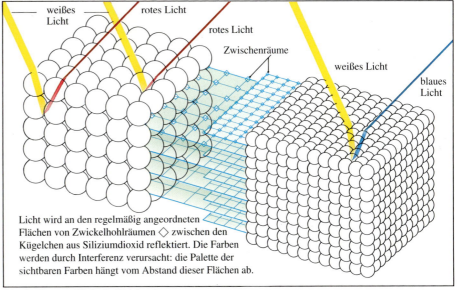

24 Dispersion (oben) und Interferenz (unten).

26 Struktur und Farbe bei Edelopal.

SCHLEIFEN UND POLIEREN

Ein erfahrener Schleifer versteht es, einen Rohstein in einen glänzenden und wertvollen Edelstein zu verwandeln. Das für diese Umgestaltung erforderliche Wissen wurde im Laufe vieler Jahrhunderte gesammelt.

Zur Ermittlung der günstigsten Schliffform hat der Schleifer sowohl die Größe des Rohmaterials als auch die Lage von Fehlern, wie zum Beispiel Risse und Einschlüsse, zu berücksichtigen. Außerdem muß er die optischen Eigenschaften und Spaltbarkeiten des Minerals kennen. Eine gute Politur läßt sich nämlich nur schwer parallel zu Spaltrichtungen anlegen. Pleochroitische Edelsteine sind so zu schleifen, daß die besten Farben betont werden. Der Schliff ist oft ein Kompromiß zwischen der bestmöglichen Wiedergabe wertvoller Eigenschaften eines Minerals und dem Versuch, einen größtmöglichen Edelstein zu präsentieren.

Cabochons, die ältesten und am einfachsten bearbeiteten Schmucksteine, sind rund oder oval mit gewölbt geschliffener Oberfläche. Sie bringen die Farben und Zeichnungen undurchsichtiger und durchscheinender Steine am besten zur Geltung, ebenso wie die Effekte des Schimmerns, des Schillerns der Katzenaugen und der Sterne.

Die heute für beinahe alle transparenten Edelsteine verwendeten Facettierungen entwickelten sich erst deutlich später. Hierbei wird der Edelstein mit einem Netz polierter Flächen versehen. Ein Teil des Lichtes wird an der Oberfläche der Facetten des Oberteils reflektiert und entwickelt dort einen starken Glanz. Das in den Edelstein eintretende Licht wird von den unteren Facetten durch die Tafel des Steins reflektiert und zeigt hier bunte Farben und ein lebhaftes Feuer. Um ein Höchstmaß an Schönheit zu erreichen, sind diese Facetten in exakten Winkeln anzulegen, die entsprechend den optischen Eigenschaften des Minerals variieren. In schlecht geschliffenen Steinen tritt Licht durch die Unterseite aus, wodurch Farbeffekte und Feuer verlorengehen.

Die bekanntesten Vertreter des modernen Schmucks sind der Brillant- und der Treppenschliff. Der Brillantschliff wurde entwickelt, um den Glanz und das Feuer des Diamanten in Vollendung zu präsentieren. Diese Form findet neuerdings auch für andere Edelsteine Verwendung. Treppenschliffe sind in Steinen, wo die Farbe die wichtigste Eigenschaft ist, wie bei Smaragd und Rubin, von höchster Effizienz.

29   Ein großartig geschliffener Zitrin und ein weniger gut geschliffener Saphir.

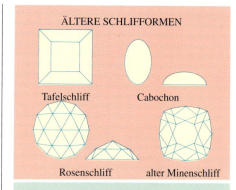

ÄLTERE SCHLIFFORMEN

Tafelschliff · Cabochon · Rosenschliff · alter Minenschliff

FACETTENSCHLIFFE

ovaler Brillant · Treppenschliff · Marquise- oder Navetteschliff · Pendeloque · Baguette · Scheren- oder Kreuzschliff

30   Schliffarten und Schliffformen.

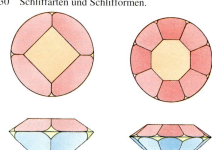

a   unbearbeiteter Kristall in Oktaederform

b   abgesägter Kristall

c   der gesägte Kristall wird abgerundet

d, e, f   Tafel (orange), obere Facetten (rosa) und Facetten des Unterteils (blau) werden geschliffen und poliert; die Spitze des Unterteils wird zu einer Kalette abgeschliffen

28   Die Einzelschritte bei der Herstellung eines Diamanten im Brillantschliff.

SCHLEIFEN UND POLIEREN

31 Markieren eines Diamanten für den Schliff.

32 Sägen eines Diamantkristalls.

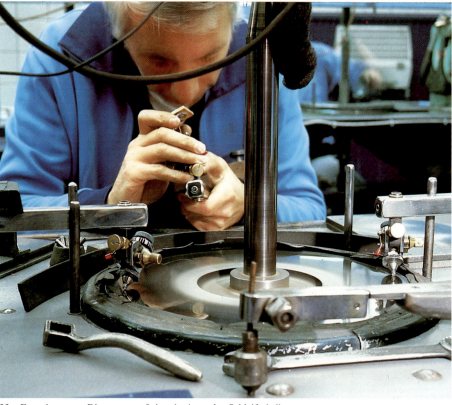

33 Facettieren von Diamanten auf einer horizontalen Schleifscheibe.

g Tafelfacetten werden im Oberteil hinzugefügt

h die oberen Rundistfacetten vervollständigen das Oberteil

i die unteren Rundistfacetten vervollständigen das Unterteil

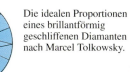

Die idealen Proportionen eines brillantförmig geschliffenen Diamanten nach Marcel Tolkowsky.

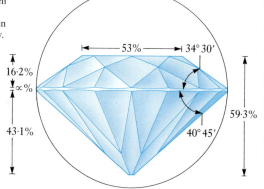

DIAMANT

Diamant leitet sich vom griechischen Ausdruck »adamas« ab, der unbesiegbar bedeutet, da bereits in früher Zeit erkannt wurde, daß dieses Mineral von sämtlichen natürlichen das härteste ist. Die große Härte tritt zusammen mit außergewöhnlichem Glanz und einer hohen Dispersion auf, die dem Diamant eine beständige Brillanz verleihen.

Möglicherweise ist es nur schwer vorstellbar, daß Diamant ebenso wie Graphit und Holzkohle eine Ausbildungsform des Kohlenstoffs ist. Diamant kristallisiert unter enormen Drücken und hohen Temperaturen im kubischen System. Seine außergewöhnlichen Eigenschaften lassen sich von der Kristallstruktur ableiten, in der die Bindung zwischen den Kohlenstoffatomen extrem stark und gleichmäßig ist. Zahlreiche Diamanten kommen als gut ausgebildete Kristalle vor (Abb. 35), meist als Oktaeder (Abb. 36). Graphit, dem entsprechend der Skala nach Mohs ein Härtegrad von 1 bis 2 zukommt, besteht dagegen aus Kohlenstoffatomen, die zu Blättchen gruppiert sind und eine schwache Bindung besitzen. Holzkohle wiederum ist nichtkristallin.

Von sämtlichen Edelsteinmineralen ist die Gewinnung des Diamanten am aufwendigsten, die Sortierung am sorgfältigsten. Die Qualität der geschliffenen Diamanten wird entsprechend allgemeiner Übung nach dem System der »vier C« bewertet: »colour« (Farbe), »clarity« (Reinheit), »cut« (Schliff) und »carat weight« (Gewicht in Karat).

Diamant variiert von farblos über verschiedene Gelb- und Brauntöne bis zu Grün, Blau, Rosa und dem sehr seltenen Rot. Farblose Diamanten und jene von kräftiger oder ungewöhnlicher Farbe gelten als die wertvollsten. Ganz farblose Steine sind sehr selten. Die Mehrzahl der Diamanten ist gelblich oder braun getönt. Diese Farben gehen auf Verunreinigungen, meist mit Stickstoff, zurück. Je nach Menge und Verteilung innerhalb der Kristallstruktur bewirkt Stickstoff braune, gelbe, wie auch grüne und schwarze Farben. Blaugefärbte Diamanten führen geringe Spuren von Bor.

Die Reinheit wird nach dem Ausmaß an Einschlüssen und sogenannten Fehlern, wie z. B. Spaltflächen, bei 10facher Vergrößerung beur-

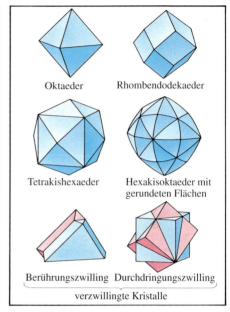

35 Einige Kristallformen von Diamant.

34 Diamantkristalle auf einer Gagatplatte.

36 Oktaedrischer Diamantkristall.

DIAMANT

37 Diamantkristalle in Kimberlit von Kimberley, Südafrika (oben rechts), von Sibirien (Mitte) und in einem Strandkonglomerat von Südafrika (oben links).

DIAMANT

teilt. Auch wenn Einschlüsse den kommerziellen Wert von Edelsteinen beeinträchtigen können, so ermöglichen sie uns gleichzeitig, Informationen über die Entstehung eines Minerals zu erhalten. Untersuchungen von Granat- und Pyroxeneinschlüssen führen in Verbindung mit anderen Kenntnissen zu dem Schluß, daß Diamanten in Tiefen zwischen 100 und 200 Kilometern gebildet werden.

Um die ganze Schönheit der Diamanten zu erfahren, kommt dem Schliff größte Bedeutung zu. Obwohl Diamanten in Indien bereits vor 2300 Jahren bekannt waren, bearbeitete man die Kristalle viele Jahrhunderte lang nicht, da man glaubte, hierdurch die angeblichen magischen Eigenschaften zu zerstören. Erst nach 1300 fertigte man in Europa Tafelschliffe aus Oktaederkristallen sowie Rosettenschliffe aus Spaltstücken. Die Beliebtheit der Diamanten stieg mit der Entwicklung des Brillantschliffs, der das Feuer des Diamanten vollendet an den Tag legt. Obwohl bereits im 17. Jahrhundert erste Vorgänger erschienen, wurde die moderne Form dieses Schliffs 1919 eingeführt, als Marcel Tolkowsky die idealen Proportionen für einen in Brillantform geschliffenen Diamanten veröffentlichte (Abb. 28).

Diamant wird mit Hilfe von Diamantpulver geschliffen und poliert; dies ist nur möglich, da Diamant nach bestimmten Kristallrichtungen geringere Härte als sonst besitzt. Außerdem spaltet Diamant relativ leicht parallel zu den Flächen eines Oktaederkristalls. Gelegentlich nutzt man diese Spaltbarkeit gezielt, um große Kristalle zu zerlegen und um fehlerhaftes Material zu entfernen.

Über 2000 Jahre lang wurden Diamanten allein aus Flußschottern gewonnen. Bis 1725 war Indien der Hauptlieferant für Diamanten, daneben wurden kleinere Mengen in Kalimantan (Borneo) geschürft. Später wurden Diamanten in Brasilien entdeckt, das sich bei nachlassender Produktion Indiens zum Hauptliefergebiet entwickelte. 1867 wurden die ersten südafrikanischen Diamanten in Flußschottern unweit des Oranje gefunden.

Explorationen im Kimberley-Gebiet Südafrikas führten zur Ermittlung von vulkanischen Durchschlagsröhren (Pipes), die mit einem bislang unbekannten, diamantführenden Gesteinstyp ausgefüllt waren. Dieses Gestein, eine Varietät des Peridotits, wurde Kimberlit genannt und als Muttergestein von Diamant erkannt. Diese Entdeckung bildete die Grundlage einer umfangreichen modernen Diamantenindustrie. Seitdem wurden viele ähnliche Pipes in anderen Ländern Afrikas, in Sibirien, Indien und China entdeckt. Das Muttergestein westaustralischer Diamanten ist Lamproit, ein sehr ähnlicher Gesteinstyp.

Diamant besitzt, abgesehen von extremer Härte, einem hohen Glanz und großem Feuer, weitere interessante Eigenschaften. Einige davon, wie das Haftvermögen an Fett und das blaufarbene Fluoreszieren bei Röntgenbestrahlung, werden bei der Gewinnung von Diamant aus dem aufbereiteten Muttergestein ausgenutzt. Viele Diamanten fluoreszieren auch unter ultravioletten Licht. Die verschiedenen Arten dieser Fluoreszenz stellen eine interessante Möglichkeit zur Identifizierung diamantbesetzten Schmucks dar (Abb. 40).

Eigenschaften von Diamant
Chemische Zusammensetzung: Kohlenstoff
Kristallsystem: kubisch
Härte: 10
Dichte: 3,515
Brechungsindex: 2,417
Dispersion: 0,044

38   Roter Granatkristall in einem Diamanten.

39   Diamant in Konglomerat, Golconda, Indien.

DIAMANT

40 Die Schnupftabakdose von Murchinson, in ultraviolettem Licht (links) und bei Tageslicht. Die Dose trägt ein Porträt des Zaren Alexander II. und ist mit Diamanten besetzt, von denen die Mehrzahl in ultraviolettem Licht fluoresziert. Sie wurde in Anerkennung der geologischen Arbeiten in Rußland 1867 Sir Roderick Murchinson vom Zar als Geschenk überreicht.

17

RUBIN UND SAPHIR

Die Schönheit von Rubin und Saphir beruht auf deren vielfältigen und intensiven Farben. Beide Edelsteine sind Varietäten des Korunds, der nach Diamant das härteste Mineral ist. Dementsprechend ist deren hervorragende Politur beständig.

Reiner Korund ist farblos. Sämtliche Edelsteinfarben beruhen auf kleinen Anteilen chemischer Beimengungen (Abb.43). Chrom verleiht dem Rubin das prachtvolle Rot und bewirkt zusätzlich eine rote Fluoreszenz, die den Farbeindruck nochmals verstärkt. Saphir ist die Bezeichnung für sämtliche übrigen edlen Korunde, wenn man auch in erster Linie darunter den blauen Saphir, der durch Eisen und Titan gefärbt wird, versteht. Verschiedene Anteile und Kombinationen von Eisen, Titan und Chrom ergeben andere Farben (Abb.42 und 43). Rosa- bis orangefarbene Saphire werden zuweilen »Padparadscha« genannt, eine aus der singhalesischen Sprache abzuleitende Bezeichnung für die Farbe der Lotusblume. Farbverbesserungen durch verschiedenartige Hitzebehandlungen sind seit einigen Jahren weit verbreitet.

Korund ist ein Aluminiumoxid mit trigonaler Kristallstruktur. Rubin bildet häufig tafelige (flache) Kristalle, Saphirkristalle sind dagegen meist tönnchenförmig oder pyramidenartig. Häufig sind Saphirkristalle zwei- oder mehrfarbig, meist blau und gelb. Da Rubine und Saphire stark pleochroitisch sind, erfordert ihr Schliff höchste Sorgfalt, um beste Farben zu erreichen.

Oft haben Rubine und Saphire herrliche Maserungen und Mineraleinschlüsse, gleichzeitig ein wertvolles Hilfsmittel zur Unterscheidung natürlicher von synthetischen Edelsteinen. Feinste Rutilnädelchen verursachen das als »Seide« bekannte Schimmern. Sofern diese parallel zu den drei horizontalen Kristallrichtungen orientiert sind, kann sich daraus der Sterneffekt ergeben (Abb.44). Wachstumsstreifen, mit Flüssigkeiten gefüllte »Fiederungen«, Kristalle von Zirkon sowie andere Minerale bilden ebenfalls häufig Einschlüsse (s. auch S.48/49).

Die Mogok-Region in Burma hat seit Jahrhunderten hervorragende Rubine geliefert; die Farben der besten Steine werden manchmal als

41   Kristalle: Rubine (Burma) und Saphire (Kaschmir).

RUBIN UND SAPHIR

»Taubenblut« beschrieben. Einige Rubine werden aus dem Marmor, in dem sie sich gebildet haben, gewonnen. Der Hauptanteil stammt jedoch aus Flußseifen. Die edelsteinhaltigen Seifen Sri Lankas sind ebenfalls berühmt für ihre Fülle an Saphiren aller Farben. Prächtige, kornblumenfarbene Saphire kommen in den Pegmatitgesteinen Kaschmirs vor, doch nur wenige werden heutzutage gewonnen.

Gegenwärtig ist Australien der wichtigste Lieferant für blaue und goldfarbene Saphire. Basaltische Gesteine bilden hier ebenso wie für die Saphire und Rubine von Thailand und Kampuchea das Muttergestein. Feine Rubine wurden ebenfalls in Kenia, Tansania und Zimbabwe entdeckt.

Eigenschaften von Korund
Chemische Zusammensetzung: Aluminiumoxid
Kristallsystem: trigonal
Härte: 9
Dichte: 3,96–4,05
Brechungsindices: 1,76–1,78
Doppelbrechung: 0,008–0,010

43   Der Farbenreichtum des Korunds.

42   Seltener, orangefarbener Saphir.

44   Sternrubine und -saphire.

45   Rubine und Saphire aus Edelsteinseifen.

SMARAGD UND AQUAMARIN

46 Herrlich ausgebildete Kristalle von Aquamarin, Heliodor, Morganit und Smaragd.

SMARAGD UND AQUAMARIN

Der Reiz dieser Edelsteine, die Varietäten des Minerals Beryll sind, liegt in den großartigen Farben. Obwohl Berylle nicht das Feuer, den Glanz und die hohe Härte von Diamant und Korund besitzen, zählt feiner Smaragd aufgrund des einmaligen, samtigen Grüns zu den kostbarsten Edelsteinen.

Ähnlich wie bei zahlreichen anderen Edelsteinen sind die Farbtöne von Beryll auf chemische Beimengungen zurückzuführen. Reiner Beryll ist ein farbloses Beryllium-Aluminium-Silikat, doch genügen bereits geringe Spuren von Chrom, um das prachtvolle Grün des Smaragdes hervorzurufen. Eisen ist für die grünlich-blauen Farbtöne von Aquamarin und für das Goldgelb des Heliodors verantwortlich, wogegen rosafarbener Morganit und der seltene rote Beryll durch Mangan gefärbt werden. Große grünlich-blaue Aquamarine werden erhitzt, um die für den Schmuck so beliebte blaue Farbe zu erzeugen.

Fehlerfreie Smaragde sind außerordentlich selten. Viele Kristalle haben Risse und führen Mineraleinschlüsse, die, wie im Fall des Korunds, ein wertvolles Unterscheidungsmerkmal natürlicher von synthetischen Edelsteinen darstellen. Einige Einschlüsse sind typisch für einen bestimmten Fundort, wie die »Dreiphasen-Einschlüsse« kolumbianischer Smaragde (Abb. 122). Im Gegensatz hierzu sind viele Aquamarine, Heliodore und Morganite tatsächlich fehlerfrei.

Diese Unterschiede zeigen die verschiedene Entstehung der Beryllvarietäten auf. Aquamarin, Heliodor und Morganit finden sich in Graniten und Pegmatiten, oft als große, ideal gestaltete hexagonale Kristalle (Abb. 46). Wichtigster Lieferant für Aquamarin ist Brasilien, daneben werden feine Berylle auf Madagaskar, in Kalifornien, im Ural und in Adun Chilon in Rußland sowie in vielen weiteren Gegenden gefunden.

Die prächtigsten Smaragde werden nahe Muzo und Chivor in Kolumbien gewonnen, wo sie in Gängen innerhalb dunkler Schiefer und Kalksteinen vorkommen (Abb. 47). Hier wurde bereits während der alten Indianerkulturen geschürft; von hier stammten auch die großen Smaragde, die während des 16. Jahrhunderts nach Europa und Asien gelangten. Vor dieser Zeit lieferten Ägypten und Österreich die Smaragde, die schon von den Römern und im mittelalterlichen Europa verwendet wurden. Muttergestein ist hier, wie auch für zahlreiche in jüngster Zeit entdeckte Lagerstätten, Glimmerschiefer. Deshalb enthalten die Smaragde dieser Vorkommen gewöhnlich auch Glimmerblättchen. Wenige Smaragde zeigen eine Farbe wie die besten kolumbianischen Steine. Ähnlich feine Sorten gibt es bei Sandawana in Zimbabwe, bei Kitwe in Sambia und bei Swat in Pakistan.

Eigenschaften von Beryll
Chemische Zusammensetzung: Beryllium-Aluminium-Silikat
Kristallsystem: hexagonal
Härte: 7,5
Dichte: 2,63 – 2,91
Brechungsindices: 1,568 – 1,602
Doppelbrechung: 0,004 – 0,010

47 Smaragd auf Kalzit, Kolumbien.

48 Feiner, grünlich-gelber Beryll.

OPAL

49 Australischer Opal: kompakte Opalmatrix von Queensland, eine Opalkamee und zwei Dubletten.

OPAL

Opal kommt in zwei unterschiedlichen Arten vor – als Edelopal und als Gemeiner (Gewöhnlicher) Opal. Beide Varietäten werden zu Edelsteinen verschliffen, jedoch nur der Edelopal entfaltet das bereits seit römischer Zeit in der Schmuckherstellung so hochgeschätzte regenbogenfarbige Opalisieren.

Das Farbenspiel birgt auf Reflexion und Streuung des Lichtes an kleinsten und dichtgepackten Siliziumdioxidkügelchen gleicher Größe, die einen Edelopal aufbauen (Abb. 26). Diese regelmäßige Anordnung bildet keine kristalline Struktur; Opal zählt zu den wenigen nichtkristallinen Edelsteinmineralen.

Gemeiner Opal birgt eine reichhaltige Palette an Farben und Zeichnungen, zeigt jedoch kein Opalisieren, da die regelmäßige Struktur des Edelopals fehlt.

Die Grundfarbe der Edelopale reicht von weißlich in weißem Opal bis zu schwarz, grau oder braun in schwarzem Opal. Feueropal bewegt sich zwischen gelb und orange bis rot und zeigt kein Opalisieren; Wasseropal ist klar und nahezu farblos, jedoch mit einem inneren Farbspiel. In Opalmatrix füllt Edelopal Porenräume aus oder bildet feine Gänge im Muttergestein.

Der Name Opal leitet sich von der sanskritischen Bezeichnung für Edelstein »upala« ab. Wenngleich dies auf eine in Südasien gelegene Lagerstätte für Opal schließen läßt, stammte das von den Römern verwendete Material aus Dubnik nahe Prešov im Gebiet der Slowakei. Die Azteken bauten Opal in Mittelamerika ab, wovon einige erlesene Stücke von den Konquistadoren nach Europa geschickt wurden.

Die Entdeckung von Opal bester Qualität in Australien um 1870 leitete den Niedergang der europäischen Produktion ein. Nach wie vor ist Australien wichtigster Lieferant für schwarzen und weißen Opal, wogegen Mexiko prächtigen Feueropale und Wasseropal fördert. Einige Edelopale entstanden in Gashohlräumen vulkanischer Gesteine, so in Mexiko und der Slowakei; der überwiegende Teil der australischen Lagerstätten findet sich dagegen in Sedimentgesteinen.

Opal enthält unterschiedliche Wasseranteile. Deshalb kann die Matrix rissig werden, wenn sie nach der Gewinnung zu schnell trocknet. Gewöhnlich wird Opal zu Cabochons verschliffen. Da Opalgänge oft sehr schmal und die daraus gewonnenen Plättchen entsprechend zerbrechlich sind, werden diese mit Gemeinem Opal oder mit Glas hinterlegt, so daß eine Dublette entsteht. In Tripletten wird Opal durch Auflegen von Quarz oder Kunststoff geschützt.

Eigenschaften von Opal
Chemische Zusammensetzung: Siliziumdioxid mit etwas Wasser
Kristallsystem: amorph oder nur geringfügig kristallin
Härte: 5,5 – 6,5
Dichte: 1,98 – 2,25
Brechungsindex: 1,43 – 1,47

50 Opal in Sandsteinmatrix.

51 Mexikanische Feueropale.

52 Feueropal in einer Matrix aus Alaunstein.

AMETHYST UND ZITRIN

53 Bergkristall und Rauchquarz, Zitrin und Amethyst, Gravur in Milchquarz, Stern- und Rosenquarz.

Die auf dieser und der folgenden Seite beschriebenen Edelsteine bestehen aus Quarz, einem der häufigsten Minerale in der Erdkruste. Quarz zeigt wie kein anderer Edelstein eine große Vielfalt an Farben, Formen und optischen Effekten, von den durchsichtigen Farben des Amethysts und des Zitrins über den seidigen Schimmer von Tigerauge bis zur feingliedrigen Bänderung des Achats. Aufgrund der Verbreitung in der Natur und der Vielfalt der Varietäten wird Quarz von allen Edelsteinen am meisten genutzt.

Farbloser, durchsichtiger Bergkristall ist die reinste Form von Quarz. Die Farben weiterer Quarzvarietäten gehen auf chemische Beimengungen zurück: Eisen in Amethyst und Zitrin, Titan und Eisen in Rosenquarz, Aluminium in Rauchquarz. Brasilien ist wichtigster Lieferant dieser Varietäten.

In einigen Quarzen kann die Farbe durch Erhitzen oder durch Bestrahlung mit Röntgen- oder Gammastrahlen verändert werden. Da der natürlich vorkommende gelbe Zitrin relativ selten ist, wird meist ein durch Hitzebehandlung gelb gefärbter Amethyst vom Handel als Zitrin angeboten.

Häufig ist die Schönheit des Quarzes auf weitere Minerale zurückzuführen, die in diesem eingeschlossen sind, z. B. nadelige und goldfarbene Rutilkristalle oder bäumchenförmige Metalloxide. Rosenquarz führt bisweilen eine Vielzahl winzigster Rutilnädelchen, die einen Sterneffekt verursachen, der in einem durchscheinenden Cabochon am besten zum Ausdruck kommt. Asbestfasern bewirken in einigen Quarzen Katzenaugen, während die bunten Flitter in Aventurin aus feinsten reflektierenden Blättchen des grünen Fuchsitglimmers, aus braunen Eisenoxiden oder aus silbrigen Pyritkristallen bestehen.

Tigerauge und Falkenauge (Abb. 54) entstehen durch Austausch des blauen Krokydolith-Asbests durch Quarz. Der Asbest zersetzt sich hierbei und hinterläßt entweder Rückstände brauner Eisenoxide, wie bei Tigerauge, oder die ursprüngliche blaue Farbe, wie bei Falkenauge. Die meisten Tiger- und Falkenaugen stammen aus Südafrika.

AMETHYST UND ZITRIN

Facettenschliffe werden bei feinem transparentem Amethyst, Zitrin und Rauchquarz angewendet, die übrigen Varietäten werden zu Cabochons verarbeitet. Quarz ist relativ unempfindlich, so daß die meisten Varietäten auch für Gravuren verwendet werden können. Aus Bergkristall wurden während vieler Jahrhunderte feine Schalen geschnitten.

Eigenschaften von Quarz
Chemische Zusammensetzung: Siliziumdioxid
Kristallsystem: trigonal
Härte: 7
Dichte: 2,65
Brechungsindices: 1,544–1,553
Doppelbrechung: 0,009

54 Tigerauge und Falkenauge.

55 Ein mit einem Zitrin besetztes Kästchen, daneben eine Skulptur aus Katzenaugen-Quarz.

ACHAT UND JASPIS

56   Kamee aus Chrysopras.

Achat und Jaspis gelten als Chamäleone in der Welt der Edelsteine, da sie eine verwirrende Vielfalt feiner Farben und Zeichnungen zeigen. Sie stellen ebenso wie Amethyst und Zitrin Varietäten des Quarzes dar, unterscheiden sich aber durch ihren Aufbau aus feinsten Fasern oder Körnchen, die nur bei starker Vergrößerung erkennbar sind. Die hier beschriebenen Edelsteine bilden zwei Gruppen, Chalzedon und Jaspis, die verschiedene innere Strukturen aufweisen.

Chalzedon, der die Gruppe der Achate, Karneole und Chrysoprase umfaßt, setzt sich aus dünnen Lagen feinster Quarzfasern zusammen (Abb. 59). Diese Lagenstruktur ist an der Farbbänderung von Achat und Onyx sichtbar. Aufgrund dieser Faserstruktur ist Chalzedon äußerst zäh und findet seit Jahrhunderten Verwendung als ausgezeichneter Werkstoff für Gravuren. Diese Zähigkeit und die Farbbänderung sind bei den klassischen römischen Kameen bestens genutzt (Abb. 2).

Reiner Chalzedon ist durchscheinend grau oder weiß; die Farben und Zeichnungen beruhen stets auf Verunreinigungen. Eisenoxide rufen die Brauntöne von Achat und Sardonyx sowie das Rot von Karneol hervor. Apfelgrüner Chrysopras wird durch Nickel gefärbt (Abb. 56), wogegen die dunkleren Grüntöne von Plasma und Prasem auf unzählige feinste Kristalle von Chlorit und Aktinolith zurückzuführen sind. Als Blutstein wird mit rotem Jaspis durchsetztes Plasma bezeichnet (Abb. 60 und 61).

Einige Moosachate zeigen ein Gewirr moosartiger, grüner Minerale, die Zeichnungen der als Mokkastein (Dendritenachat) bekannten Varietät dagegen bestehen aus Eisen- oder Manganoxiden (Abb. 58). Die schillernden Farben des Feuerachats sind auf Interferenzen des Lichts an dünnen Schichten aus gleichmäßig verteilten Eisenoxidkristallen in diesem Chalzedon zurückzuführen (Abb. 57).

Chalzedon ist porös, er kann durch eine Vielzahl metallischer Salze gefärbt werden (Abb. 62). Natürlicher schwarzer Onyx ist selten. Der meiste Onyx wird produziert, indem man Achat mit Zuckerlösung tränkt und anschließend in Schwefelsäure erhitzt, um die

57   Feuerachat aus Mexiko.

58   Mokkastein (Dendritenachat)

ACHAT UND JASPIS

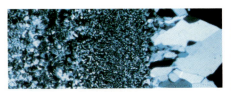

59   Die Strukturen von Chalzedon und Quarz (rechts), 20fache Vergrößerung.

60   Blutstein (Chalzedon)

Zuckerpartikel zu verkohlen. Ein ähnlicher Prozeß wurde schon von den Römern genutzt.

Jaspis setzt sich aus feinen, völlig regellos angeordneten, ineinandergreifenden Quarzkristallen zusammen. Er ist undurchsichtig und enthält beachtliche Anteile farbiger Verunreinigungen, die überwiegend aus roten und gelben Eisenoxiden oder aus grünem Chlorit und Aktinolith bestehen. Jaspis findet für Gravuren sowie in Mosaiken und Einlegearbeiten Verwendung.

Achat und Jaspis kommen weltweit vor. Gegenwärtig sind Brasilien und Uruguay die wichtigsten Förderländer des Achats.

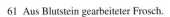

61   Aus Blutstein gearbeiteter Frosch.

Eigenschaften von Chalzedon
Chemische Zusammensetzung: Siliziumdioxid
Kristallsystem: trigonal (mikrokristallin)
Härte: 6,5–7
Dichte: 2,6
Brechungsindex: 1,535 (Mittelwert)
Doppelbrechung: selten erkennbar

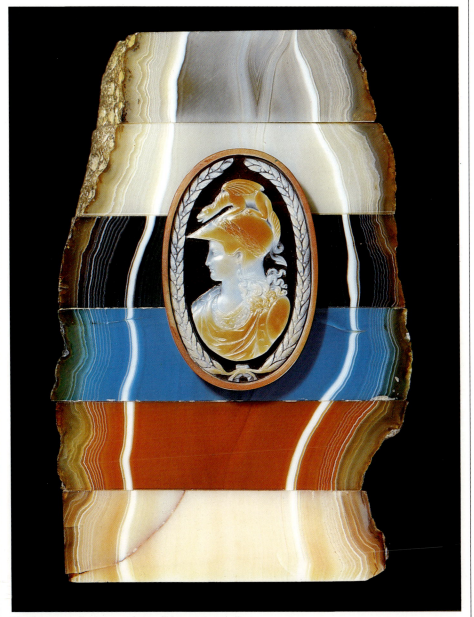

62   Kamee aus Sardonyx auf eingefärbten Achatscheiben.

TURMALIN

Turmalin zeigt von sämtlichen Edelsteinen die reichste Farbpalette, nahezu jede Nuance scheint möglich. Rosa und grüne Steine sind allerdings am beliebtesten. Einige Kristalle sind mehrfarbig. Verschiedene Farben finden sich entweder an den Enden des Kristalls (Abb. 64) oder im Kern und einen Saum darum wie beim »Wassermelonen-Turmalin«.

Turmalin tritt häufig in wohlgeformten, länglichen Kristallen auf, deren Querschnitte charakteristisch abgerundete Dreiecke bilden. Zahlreiche Kristalle lassen Polarität erkennen. Hierbei sind die Farbe, die elektrischen Eigenschaften und die Kristallabschlüsse an jedem Ende des Kristalls unterschiedlich. Diese faszinierenden Abweichungen beruhen auf der Kristallstruktur und der chemischen Zusammensetzung von Turmalin.

Turmalin ist ein Boratsilikat mit sehr variabler Zusammensetzung. Obwohl die meisten Turmaline reich an Lithium sind, existiert keine unmittelbare Beziehung zwischen chemischer Zusammensetzung und Farbe.

Turmalin ist stark pleochroitisch. Die tiefste Farbe ist beim Blick in Richtung der Kristall-Längsachse erkennbar. Einige grüne und blaue Turmaline erscheinen in dieser Richtung beinahe schwarz. Deshalb ist die richtige Orientierung des Rohmaterials beim Schleifen des Edelsteins sehr wichtig.

Turmalin bildet sich meist in Graniten und Pegmatiten. Berühmte Fundorte dieses Edelsteins sind in Brasilien, Pala in Kalifornien und Sverdlovsk in Rußland.

Eigenschaften von Turmalin
Chemische Zusammensetzung: komplexes Aluminium-Borat-Silikat
Kristallsystem: trigonal
Härte: 7–7,5
Dichte: 3,0–3,25
Brechungsindices: 1,610–1,675
Doppelbrechung: 0,014–0,034

63   Einige der vielen Farben des Turmalins.

64   Rosa und grüner Turmalinkristall, Kalifornien.

TOPAS

Topas ist nicht immer gelb, wie früher viele Leute glaubten, sondern variiert von blaßblau und farblos bis gelb und orange, braun und rosa (Abb. 65). Die unter den viktorianischen Schmuckwaren so beliebten rosafarbenen Steine erhielt man durch Erhitzen des gelbbraunen Topas aus Ouro Preto, Brasilien. Der leuchtend blaue Topas wird heute durch Bestrahlen und anschließende Erhitzung speziellen farblosen Materials gewonnen (Abb. 66).

Benannt ist Topas angeblich nach Topazius, der griechischen Bezeichnung für Zebirget im Roten Meer. Tatsächlich wird auf dieser Insel Peridot (Chrysolith) abgebaut; der von Plinius als Chrysolith beschriebene Stein ist wahrscheinlich der heutige Topas.

Topas ist ein Aluminiumsilikat, das bis zu 20 Prozent Fluor oder Wasser führt, wobei die physikalischen und optischen Eigenschaften in Abhängigkeit der Anteile von Wasser und Fluor variieren. Goldbrauner und rosafarbener Topas enthält mehr Wasser und neigt zu länglichen Kristallen; er ist von geringerer Dichte und höher lichtbrechend als der fluorreiche, farblose, blaßblaue und gelbe Topas, der in Form gedrungener Kristalle vorkommt.

Obwohl Topas der härteste aller silikatischen Edelsteine ist, spaltet er leicht in Richtung parallel zur Grundfläche des Kristalls (Abb. 65).

Topas tritt hauptsächlich in Graniten und Pegmatiten sowie deren Kontaktzonen auf. Kristalle von Edelsteinqualität mit mehreren Kilogramm Gewicht sind nicht ungewöhnlich. Feine, gold- und rosafarbene Kristalle aus Ouro Preto, Brasilien, blaue Kristalle aus dem Uralgebirge und gelber Topas aus Sachsen sind am bekanntesten.

Eigenschaften von Topas
Chemische Zusammensetzung: Aluminium-Fluor-Silikat
Kristallsystem: orthorhombisch
Härte: 8
Dichte: 3,49–3,57
Brechungsindices: 1,606–1,644
Doppelbrechung: 0,008–0,011

65 Topaskristall und geschliffene Steine, auf der Spaltfläche eines großen Kristalls drapiert.

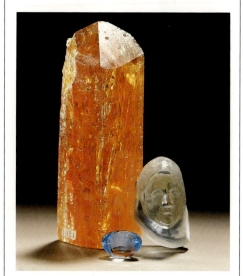

66 Kristall, Gravur und behandelter blauer Topas.

PERIDOT   (CHRYSOLITH)

Die Attraktivität von Peridot (auch Chrysolith genannt) basiert auf dessen Farbe, die im Idealfall ein intensives »ölartiges« Grün bildet, aber auch von blassem Goldgrün bis zu bräunlichem Grün reicht. Die von den alten Kulturen des Mittelmeerraumes genutzte Lagerstätte für Peridot war die Insel Zebirget (St. John's Island) im Roten Meer. Gegenwärtig wird dort nur noch gelegentlich geschürft. Die Griechen und Römer nannten diese Insel Topazius und bezeichneten diesen grünen Edelstein als Topas; Peridot ist ein französischer Ausdruck und möglicherweise vom Arabischen »Faridat« für Edelstein abzuleiten. Heutzutage werden beste Qualitäten in Burma, Norwegen und Arizona gewonnen.

Peridot ist die transparente Edelsteinvarietät des Olivin, einem silikatischen Magnesium-Eisen-Mineral, das in Basalten und peridotitischen Gesteinen vorkommt. Die Farbe des Peridot wird durch Eisen hervorgerufen, dessen Anteile sowohl Tönung als auch Intensität der Farbe bestimmen. Im Vergleich zu den weniger attraktiven bräunlich-grünen Steinen enthalten der blaß-goldgrüne und der am höchsten geschätzte tiefgrüne Peridot geringe Anteile an Eisen.

Peridot ist nicht sehr hart. Es besitzt einen typischen öligen Glanz. Aufgrund der starken Doppelbrechung erscheinen die Facettenkanten eines geschliffenen Steins beim Blick durch den Kristall doppelt. Viele Peridote führen Einschlüsse, die den Blättern der Wasserlilie ähneln (Abb. 126).

Zahlreiche 1952 gefundene braune Steine hielt man zunächst für Peridote, da man das eigenständige Boratmineral nicht erkannte (Abb. 67). Dieses jetzt identifizierte Mineral heißt Sinhalit, nach dem wichtigsten Vorkommen, nämlich auf Sri Lanka, das im Sanskrit Sinhala genannt wird.

Eigenschaften von Peridot
Chemische Zusammensetzung: Magnesium-Eisen-Silikat
Kristallsystem: orthorhombisch
Härte: 6,5–7
Dichte: 3,22–3,40
Brechungsindices: 1,635–1,695
Doppelbrechung: 0,035

67 Sinhalit

68 Basalt von Hawaii mit Olivinkristallen (links); geschliffener Peridot von 146 Karat (Mitte) zusammen mit Kristallen und Rohmaterial (rechts) von Zebirget.

ZIRKON

Der Name Zirkon ist zwar auf die arabische Bezeichnung »zargoon« zurückzuführen, welche »zinnoberrot« oder »golden gefärbt« bedeutet, doch treten Zirkone ebenso in zahlreichen Grün- und Brauntönen auf und sind gelegentlich auch farblos (Abb. 69). Derartige Steine fanden jahrhundertelang Verwendung bei der indischen und sinhalesischen Schmuckherstellung.

Im westlichen Schmuckgewerbe sind Zirkone als glänzende und feurig leuchtende, blaue, goldfarbene oder farblose Steine bekannt, die meist als runde Brillanten geschliffen werden. Die Farben werden künstlich durch Brennen von braunem Zirkon aus Thailand, Kampuchea und Vietnam hervorgerufen. Dieses Brennen unter Luftabschluß liefert blauen Zirkon (Abb. 71), der anschließend an der Luft zur Goldfärbung gebrannt werden kann. Auch fällt während beider Verfahren etwas farbloser Zirkon an. Die durch Hitze produzierten Farben können unter Lichteinfluß verblassen, jedoch durch vorsichtiges Brennen wieder belebt werden.

Da Zirkon mit seinem prächtigen Glanz und dem Feuer dem Diamanten ähnelt, wurden farblose Steine oft fälschlicherweise als solche identifiziert und auch absichtlich als Diamantimitation verwendet. An Gebrauchsspuren und der Doppelbrechung ist Zirkon leicht zu erkennen. Wenngleich Zirkon relativ hart ist, kann er doch sehr spröde sein, so daß während des Tragens die Facettenkanten leicht absplittern (Abb. 136). Ferner läßt die starke Doppelbrechung die Facettenkanten beim Blick durch den Stein doppelt erscheinen.

Zirkon enthält Spuren von Uran oder Thorium, die ein charakteristisches Absorptionsspektrum verursachen (Abb. 72, s. auch S. 56). Die von diesen Elementen ausgehende Strahlung kann allmählich durchschlagen und die tetragonale Kristallstruktur in eine »metamikte« Form umwandeln. Derartige Zirkone sind gewöhnlich grün und trübe, zeigen nur geringe Doppelbrechung und haben niedrigere Brechungsindices, Dichte und Härte.

Eigenschaften von Zirkon
Chemische Zusammensetzung: Zirkoniumsilikat
Kristallsystem: tetragonal
Härte: 7,5
Dichte: 4,6–4,7
Brechungsindices: 1,923–2,015
Doppelbrechung: 0,042–0,065

69 Die natürliche Farbenvielfalt des Zirkons.

71 Natürliche braune und gebrannte blaue Zirkone.

70 Feiner Zirkonkristall aus Norwegen.

72 Absorptionsspektrum von Zirkon.

GRANAT

Der Name Granat mag vom lateinischen »Granatum« abzuleiten sein, was Granatapfel bedeutet, und ist somit auf die ähnlich roten Farbtöne des Fruchtfleisches und vieler Granatvarietäten zurückzuführen. Granat ist eine Sammelbezeichnung für die Silikatminerale Almandin, Pyrop, Spessartin, Grossular, Andradit und Uwarowit; Granat ist also ein Edelstein von größerer Mannigfaltigkeit, als der Name vermuten läßt.

Allen Granatkristallen ist eine ähnliche kubische Kristallstruktur gemeinsam, die chemischen Zusammensetzungen sind verwandt. Granat in Edelsteinqualität kommt in vielen Ländern vor, wohlgeformte Kristalle werden schon seit über 5000 Jahren als Edelsteine hochgeschätzt.

Von allen Granatvarietäten werden die roten Almandine und Pyrope am meisten verwendet. Almandincabochons und gravierte Steine sind seit römischer Zeit bekannt. In vielen Schmuckwaren des 19. Jahrhunderts wurde böhmischer Pyrop-Granat verarbeitet (Abb. 73).

Almandin ist ein Eisen-Aluminium-Granat, Pyrop ein Magnesium-Aluminium-Granat, wobei sich Eisen und Magnesium gegenseitig ersetzen können und somit lückenlose Übergänge innerhalb der Eisen-Magnesium-Alumi-

74 Feiner Demantoid-Granat.

73 Mit roten Pyropen und Almandinen sowie orangenen Hessoniten besetzter Schmuck; rosa Grossularkristalle in Marmor, daneben große Almandinkristalle.

 # GRANAT

nium-Granat-Reihe bilden, die als Almandin-Pyrop-Reihe bekannt ist. Diese chemischen Unterschiede verursachen eine Änderung der Eigenschaften, so daß zwei anscheinend ähnliche rote Granate in Dichte und Brechungsindex voneinander abweichen können. Andere Granatminerale bilden vergleichbare Reihen. Eisen ruft die Braun- und Purpurfärbungen des Almandins hervor, blutroter Pyrop wird dagegen durch Spuren von Chrom gefärbt.

Spessartin und Hessonit sind orangefarbene Granate. Spessartin ist ein Mangan-Aluminium-Granat, Hessonit dagegen eine Varietät des Grossulars, dem Kalzium-Aluminium-Granat. Bis zur Entdeckung hell leuchtender, grüner Kristalle bei Tsavo in Kenia vor kurzer Zeit, stellte Hessonit den wichtigsten Grossularedelstein dar. Reiner Grossular ist farblos; Eisen ist für die schöne Orangefärbung des Hessonits verantwortlich. Vanadium färbt den grünen Grossular aus Kenia.

Demantoid ist eine seltene, lebhaft grüne Varietät des Andradits, dem Kalzium-Eisen-Granat (Abb. 74 und 75). Er besitzt ein intensiveres Feuer als Diamant; doch dieser Eindruck kann durch die intensive Farbe verdeckt werden, welche auf chromhaltige Beimengungen zurückzuführen ist. Leider ist Demantoid nicht sehr hart.

Bisweilen führt Granat bestimmte Einschlüsse, wie zum Beispiel Nädelchen aus Rutil oder Hornblende, die in einigen Almandinen sternartige Effekte zur Folge haben. Demantoid enthält häufig büschlige Einschlüsse aus faserigem Asbest, wogegen Hessonit meist aufgrund der körnigen Struktur und der Schlierenbildung identifiziert werden kann (Abb. 124).

Eigenschaften von Granat
Chemische Zusammensetzung: Magnesium-, Eisen- oder Kalzium-Aluminium-Silikate (Mehrzahl der Varietäten)
Kristallsystem: kubisch
Härte: 6,5–7,5
Dichte: 3,58–4,32
Brechungsindex: 1,714–1,887

75 Geschliffene Grossulare und Demantoide, niedergelegt auf Andraditkristallen.

76 Uwarowitkristall (Mitte), daneben orangefarbene, farblose und grüne Grossularkristalle.

CHRYSOBERYLL

Von Chrysoberyll gibt es drei sehr schöne Edelsteinvarietäten. Die schwach gelbgrünen Steine aus Brasilien zeigen eine außergewöhnliche Brillanz; sie waren im spanischen und portugiesischen Schmuckgewerbe des 18. Jahrhunderts sehr beliebt. Andere Chrysoberylle führen zahllose parallele, nadelförmige Einschlüsse, die im Cabochonschliff hervorragend Katzenaugen zeigen (Abb. 78). Diese Form des Chrysoberylls ist schlechthin als Katzenauge oder Cymophan bekannt. Die dritte Varietät ist der Alexandrit, entdeckt 1830 im Uralgebirge am Geburtstag des Zaren Alexander II. Alexandrit ist für seinen lebhaften Farbwechsel bekannt, von Tiefgrün bei Tageslicht zu Rot bei künstlicher Beleuchtung.

Chrysoberyll ist ein Beryllium-Aluminium-Oxid, dessen Härte nur von Diamant und Korund übertroffen wird. Die gelben, grünen und braunen Farben werden durch geringe Anteile von Eisen oder Chrom verursacht, wobei Chrom auch für den Alexandriteffekt verantwortlich ist. Alexandrit ist auffallend pleochroitisch: In den verschiedenen Kristallrichtungen erscheint er rot, gelborange oder grün.

Synthetischer Korund und Spinell dienen als (unzulängliche) Imitationen von Alexandrit.

Chrysoberyll kristallisiert im orthorhombischen System. Einfache Kristalle sind selten, schöne Zwillings- und Drillingskristalle, die auf den ersten Blick hexagonal erscheinen, werden in Brasilien und im Ural gefunden (Abb. 79). Chrysoberyll bildet sich in Berylliumpegmatiten, das meiste Material in Edelsteinqualität stammt aber aus Flußseifen von Sri Lanka, Südindien, Brasilien und Burma.

Eigenschaften von Chrysoberyll
Chemische Zusammensetzung: Beryllium-Aluminium-Oxid
Kristallsystem: orthorhombisch
Härte: 8,5
Dichte: 3,68–3,78
Brechungsindices: 1,742–1,757
Doppelbrechung: 0,009

77 Chrysoberylle in viktorianischem Schmuck.

78 Katzenaugen

79 Schöne Stufe mit Alexandritdrillingen.

80 Facettierter Chrysoberyll.

SPINELL

81 Farbvarianten des Spinells.

82 Der »Black Prince's Ruby«.

83 Oktaedrische Spinellkristalle.

Während des Mittelalters fanden die als »Balas-Rubine« bekannten, hervorragend rotgetönten Edelsteine ihren Weg in die königlichen Schatzkammern Englands. Tatsächlich aber sind diese Steine Spinelle, und einer der berühmtesten, der »Black Prince's Ruby«, ziert die englische Königskrone (Abb. 82). Der ursprüngliche Name leitet sich wahrscheinlich von Balascia (heutiges Badakhshan) in Afghanistan ab, vermutlich Lagerstätte dieser Edelsteine.

Der Unterschied in der Zusammensetzung von Spinell und echtem Rubin ist nicht groß. Rubin ist ein Aluminiumoxid, Spinell ein Magnesium-Aluminium-Oxid. Spinelle sind vielseitiger, da Magnesium durch Eisen, Mangan oder Zink ersetzt werden kann und an die Stelle des Aluminiums Chrom und Eisen treten können. Diese Variationsbreite schlägt sich in einer reichen Farbpalette nieder (Abb. 81) und bewirkt unterschiedliche Dichten und verschiedene optische Eigenschaften. Reiner Spinell ist farblos, rote und rosa Farben gehen auf geringe Mengen von Chrom zurück, Eisen verursacht grüne und blaue Farben, Zinkspinell ist blau.

Spinell kristallisiert im kubischen System. Gut geformte oktaedrische Kristalle sind verbreitet (Abb. 83); ferner existieren flache Spinellzwillinge, die Diamantzwillingen äußerlich ähnlich sind (Abb. 35). Die meisten Kristalle in Edelsteinqualität stammen aus dolomithaltigen Kalksteinen. Einige Spinelle werden direkt aus derartigen Gesteinen gewonnen, die Mehrzahl stammt jedoch aus den reicheren Edelsteinseifen von Sri Lanka, Burma und Brasilien.

Einige Spinelle haben Einschlüsse von feinsten oktaedrischen Kristallen, andere parallele Anordnungen von Rutilnädelchen, die im Cabochonschliff den Sterneffekt verursachen.

Eigenschaften von Spinell
Chemische Zusammensetzung: Magnesium-Aluminium-Oxid
Kristallsystem: kubisch
Härte: 8
Dichte: 3,58 – 4,06
Brechungsindex: 1,714 – 1,750

JADE

84 Maske aus Jadeit, Mayakultur.

Jade wird nach dem spanischen Ausdruck »piedra de hijada« benannt, eine Bezeichnung, die ursprünglich für den grünen Stein galt, der von den Indianern Mittelamerikas für Gravuren verwendet worden ist (Abb. 84). Diese Bezeichnung galt darüber hinaus für einen Stein mit ähnlichen Eigenschaften, der aus China nach Europa importiert wurde. 1863 erkannte der französische Mineraloge Damour, daß der Begriff Jade für zwei völlig unterschiedliche Minerale, Nephrit und Jadeit, angewendet wurde.

Obwohl nicht besonders hart, sind Nephrit und Jadeit dennoch von größerer Zähigkeit als Stahl. Folglich waren sie seit dem Neolithikum als Waffen und Werkzeuge in Gebrauch; später wurden sie für sehr schwierige Steinschneidearbeiten genutzt. Die Zähigkeit beruht auf der Struktur von Jade, die aus einem Netzwerk mikroskopisch kleiner verzahnter Fasern und Körner besteht (Abb. 14). Die Struktur verursacht auch die grübchenreiche »Orangenschalen«-Oberfläche, die auf älteren Schnitzereien erkennbar ist; die heutigen Diamantschleifmittel ermöglichen gleichmäßigere Oberflächen.

Jadeit ist ein Natrium-Aluminium-Silikat, Nephrit dagegen ein Kalzium-Magnesium-Aluminium-Silikat mit unterschiedlichen Eisenanteilen. Nephrit ist gewöhnlich grün bis cremefarben-weiß, Jadeit dagegen mit Farben von weiß bis grün, braun oder selten auch fliederfarben deutlich abwechslungsreicher. Eisen ruft die meisten Grün- und Brauntöne hervor, fliederfarbener Jadeit geht wahrscheinlich auf Mangan zurück. Von allen Jadeitsorten wird die Imperialjade am höchsten geschätzt; hier färbt Chrom den durchscheinend smaragdgrünen Jadeit. Jade kommt meist als Geröll vor, bisweilen von einer braunen Verwitterungsschicht umgeben. Diese Farbvarietät ist im Ring aus Jadeit erkennbar (Abb. 85).

Jadebearbeitung wurde von den Chinesen zur Vollkommenheit entwickelt, obwohl Nephrit seit etwa 200 v. Chr. aus dem östlichen Turkestan importiert werden mußte. Jadeit wurde in China erst viel später, gegen 1750, aus Burma eingeführt. Jadeit ist die seltenere Art der Jadetypen, und Burma bleibt der einzige wirtschaftlich wichtige Zulieferer. Große Mengen des mittelamerikanischen Jadeits, der dort von etwa 1500 v. Chr. bis zur spanischen Eroberung verwendet wurde, stammten aus Guatemala. Spinatgrüner Nephrit wird seit 1850 bei Irkutsk in Sibirien abgebaut. Jahrhundertelang haben die Maoris Material von der neuseeländischen Südinsel verarbeitet. Neuzeitliche Liefergebiete sind Taiwan und Britisch-Kolumbien.

Eigenschaften von Jadeit
Chemische Zusammensetzung: Natrium-
   Aluminium-Silikat
Kristallsystem: monoklin
Härte: 6,5–7   Dichte: 3,3–3,5
Brechungsindex: 1,66 (Mittelwert)

Eigenschaften von Nephrit
Chemische Zusammensetzung: Kalzium-
   Magnesium-Aluminium-Silikat mit etwas
   Eisen
Kristallsystem: monoklin
Härte: 6,5   Dichte: 2,9–3,1
Brechungsindex: 1,62 (Mittelwert)

85 Nephrit-Geröll und Vase aus Nephrit, davor Jadeitring.

JADE

86 Nephritskulpturen: ein Glücksbringer »tiki« aus Neuseeland, eine Robbe aus Britisch-Kolumbien und eine chinesische Vase.

TÜRKIS

Türkis zählt zu den Edelsteinen, nach denen schon in frühester Zeit geschürft und der auch als einer der ersten nachgeahmt wurde. Seine Farbe wurde von den alten Ägyptern ebenso in höchstem Maße bewundert wie von deren Vorfahren, die Türkis auf Sinai bereits vor über 6000 Jahren abbauten. Die Nachfrage übertraf offensichtlich bald das Angebot, denn in etwa 6000 Jahre alten Gräbern fand man blau und grün glasierte Nachahmungen aus Speckstein.

Der prächtigste Türkis kommt aus Nishapur, Iran, wo er seit über 3000 Jahren abgebaut wird (Abb. 23). Heutzutage ist der Südwesten der USA Hauptproduzent; Indianer verarbeiten Türkis hier zu Schmuck. Diese Vorkommen waren schon den Azteken bekannt, die den Türkis für Mosaiken in rituellen Masken und in anderen Zierstücken verwendeten (Abb. 87).

Türkis ist ein Phosphatmineral, das überwiegend feinste Kristalle bildet und meist in Gängen und Knollen in Gesteinen trockener Regionen vorkommt. Die himmelblaue Farbe ist auf Kupfer zurückzuführen, ein wesentlicher Bestandteil der chemischen Zusammensetzung. Häufig führt Türkis auch Eisen, das die weniger geschätzten Grüntöne hervorruft. Mit dunklen Eisenoxiden durchsetzter Schmuckstein wird als »Türkismatrix« bezeichnet, die aus Türkis und Anteilen des Muttergesteins besteht.

Türkis ist relativ weich und besitzt wachsartigen Glanz. Aufgrund der Porosität kann sich die Farbqualität verschlechtern, falls Hautöle und Kosmetika während des Tragens vom Stein aufgenommen werden. Besonders poröses Material ist mürbe und verblaßt bisweilen, weil es an der Luft austrocknet. Derartiger Türkis wird gewöhnlich »farbstabilisiert«, d. h. seine Beständigkeit wird durch Zugabe von Bindemitteln wie Kunstharz oder Kieselsäure erhöht.

Eigenschaften von Türkis
Chemische Zusammensetzung; wasserhaltiges Kupfer-Aluminium-Phosphat
Kristallsystem: triklin (kryptokristallin)
Härte: 5–6
Dichte: 2,6–2,9
Brechungsindex: 1,62 (Mittelwert)

87 Maske des Aztekengottes Quetzalcoatl.

88 Türkisgang in Schiefer, Victoria, Australien.

LAPISLAZULI

Lapislazuli wird nach dem persischen Ausdruck »lazhward« für Blau benannt, seine einzigartig intensive Farbe wird seit über 6000 Jahren hoch geschätzt. Seit Jahrtausenden kannte man nur die Lagerstätten von Sar-e-Sang in einem entfernt gelegenen Gebirgstal im afghanischen Badakhshan. Von hier wurde das Material zu den frühen Kulturen der Ägypter und Sumerer (Irak) exportiert, später über den Orient bis nach Europa gehandelt. Diese Minen liefern nach wie vor Lapislazuli in bester Qualität.

Lapislazuli ist ein Gestein, das hauptsächlich aus dem blauen Silikatmineral Lasurit besteht; daneben kommen Kalzit und messingfarbener Pyrit vor, letztere besonders in Material minderer Qualität (Abb. 90 und 91). Das lebhafte Blau des Lasurits geht auf Schwefel als wichtige chemische Komponente zurück. Bei Sar-e-Sang kommt Lapislazuli in einem Komplex mit Linsen und Gängen in weißem Marmor vor. Er variiert von Tiefblau bis zu einem blassen Blau, gelegentlich mit einigen violetten und grünlichen Tönungen.

Heute wird Lapislazuli auch nahe Slyudyanka in Sibirien und in der Ovalle-Kordillere in Chile geschürft. Das Material dieser Vorkommen enthält allerdings viel Kalzit.

Lapislazuli wurde schon immer zu Perlen und Cabochons (Abb. 1) sowie Skulpturen verarbeitet (Abb. 89) und für Einlegearbeiten und Mosaiken verwendet. Im mittelalterlichen Europa wurde das Material zur Herstellung des kostbaren Farbpigments Ultramarin vermahlen, das in zahlreichen sakralen Gemälden und als Buchschmuck in Handschriften zum Einsatz kam. Nachdem für dieses kostspielige Pigment ein Ersatzmittel gesucht wurde, kam 1828 das künstlich hergestellte Ultramarin auf den Markt.

Eigenschaften von Lapislazuli
Chemische Zusammensetzung: überwiegend aus Lasurit aufgebautes Gestein, daneben geringe Anteile von Kalzit und Pyrit, bisweilen weitere Minerale anwesend
Härte: 5,5
Dichte: 2,7–2,9
Brechungsindex: 1,5

90 Hervorragender Lapislazuli aus Afghanistan.

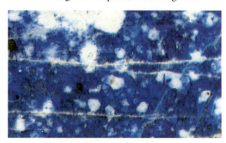
91 Sibirischer Lapislazuli mit hohen Anteilen von Kalzit.

89 Aus Lapislazuli geschnittener chinesischer Gürtelhaken und unbearbeiteter Lapislazuli aus Badakhshan.

MONDSTEIN UND LABRADORIT

Die an dieser Stelle präsentierten Schmucksteine gehören alle zu der Mineralgruppe mit der weitesten Verbreitung in der Erdkruste – die Feldspäte. Schmucksteine aus Feldspat wirken durch Farbschiller, durch flitterähnliche Effekte oder durch die zarten bis sanften Farben (Abb. 93).

Feldspate sind Kalzium-, Natrium- oder Kalium-Aluminium-Silikate. Nur sehr selten treten diese Verbindungen rein auf, sie bilden aber zwei unterschiedliche Gruppen: die Natrium-Kalium-Alkalifeldspäte und die Natrium-Kalzium-Plagioklasfeldspäte. Innerhalb jeder Gruppe gibt es eine lückenlose Reihe von Zusammensetzungsmöglichkeiten. Gewöhnlich sind mehrere dieser Einzelkomponenten innerhalb eines einzigen Feldspatkristalls miteinander verwachsen, allerdings in einem sehr kleinen oder mikroskopischen Maßstab. Wird das Licht an diesen feinen Verwachsungsgrenzen gestreut oder reflektiert, so bilden sich Interferenzen, wobei ein schönes sanftes Schimmern oder helles Schillern entstehen kann, etwa im Mondstein, im Peristerit und in einigen Labradoriten. Ähnliche, in größerem Maßstab entwickelte Verwachsungen bilden die attraktiven Gefügezeichnungen des Perthits.

Neben Mondstein umfassen die Schmuckstücke der Alkalifeldspäte gelben Orthoklas und Amazonit. Verunreinigungen von Eisen färben den gelben Orthoklas, während Spuren von Blei und Wasser den grünlich-blauen Farbton des Amazonits verursachen. Labradorit, Peristerit und Sonnenstein sind Plagioklasschmucksteine. Das helle Flimmern des Sonnensteins entsteht durch Reflexionen an winzigen blättchenförmigen Hämatiteinschlüssen.

Sri Lanka ist wichtigster Lieferant des Mondsteins, der aus Pegmatiten und hieraus entstandenen Seifen gewonnen wird. Der gelbe Orthoklas von Madagaskar, große Mengen von Sonnenstein und Amazonit aus Colorado kommen ebenfalls in Pegmatiten vor. Irisierender Labradorit (neben der Überschrift oben) findet sich überwiegend in alten Kristallingesteinen, die in tiefen Bereichen der Erdkruste gebildet worden sind. Prächtige Labradorite kommen von der Halbinsel Labrador und aus Finnland.

Eigenschaften von Feldspat
Chemische Zusammensetzung: Kalzium-, Natrium- oder Kalium-Aluminium-Silikat
Kristallsystem: monoklin oder triklin
Härte: 6–6,5
Dichte: 2,56–2,76
Brechungsindices: 1,518–1,588
Doppelbrechung: 0,006–0,013

92 Kamee aus Labradorit.

93 Kristalle und Schmucksteine aus Amazonit, eine Nadel mit gefaßtem Sonnenstein und Mondsteine.

EDELSTEINGRAVUREN

94   Schale aus Serpentin.

Jedes attraktive Gestein und Mineral stellt ein mögliches Dekorationsstück dar, und viele undurchsichtige oder durchscheinende Materialien sind zur Herstellung von Gravuren geeignet. Unter Gravur, der »Steinschneidekunst«, versteht man sowohl das Schneiden von Gemmen als auch die Herstellung von Skulpturen, Perlen und anderen Gegenständen. Im Laufe der Zeit ist ein erstaunlich weites Spektrum dekorativer Gesteine und Minerale verarbeitet worden, von welchem eine kleine Auswahl im folgenden Abschnitt behandelt wird.

Serpentin ist ein Gestein, das in einer großen Vielfalt an Farben und Zeichnungen vorkommt, wobei es bisweilen der namengebenden Schlangenhaut (von lat. »serpens« = Schlange) ähnlich ist (Abb. 94). Es ist weich, daher leicht zu verarbeiten und fand seit dem Altertum Verwendung für Skulpturen und Gefäße sowie für Einlegearbeiten. Serpentin besteht aus den wasserhaltigen Magnesium-Silikat-Mineralen Chrysotil, Antigorit bzw. Lizardit. Bowenit ist ein durchscheinender grüner Serpentin, der in großem Umfang in China zu Schnitzarbeiten eingesetzt und bisweilen irreführend als »neue Jade« bezeichnet wird.

Blue John ist eine Varietät des Minerals Fluorit mit charakteristischem Wechsel von violetten, farblosen und gelblichen Bändern. Das Mineral wird bei Castleton in Derbyshire gefunden und kommt in verschiedenartigen Gängen vor. Blue John wird bereits seit römischer Zeit verwendet, jedoch erreichte dessen Verarbeitung im 18. und 19. Jahrhundert eine Blütezeit, als aus Blue John vor allem Urnen, Vasen und Schalen hergestellt wurden (Abb. 96). Da Blue John zerbrechlich ist, wird er mit Harz zur leichteren Verarbeitung und zur besseren Haltbarkeit gebunden.

Malachit und Azurit sind lebhaft grüne bzw. blaue Kupferkarbonatminerale. Malachit führt oft Zwischenlagen aus Azurit und weiteren Kupfermineralen, wie zum Beispiel Chrysokoll (Abb. 95). Zaire, Sambia, Australien und Rußland sind Lieferanten bedeutender Mengen hervorragenden Malachits.

Rhodonit und Rhodochrosit sind rosafarbene Manganminerale. Gebänderter Rhodochrosit wurde in den 30er Jahren, nach Entdeckung prächtigen Materials in Argentinien, zum beliebten Zierstein. 1974 wurde ein bedeutender neuer Fundort bei N'chwaning in der Kappprovinz entdeckt, wo Rhodochrosit sowohl gebändert als auch in schönen transparenten Kristallen vorkommt. Der Bildausschnitt neben der Überschrift oben zeigt das Detail eines Deckels, der zu einer polierten Rhodonitschale gehört.

95   Malachitkamee und Malachit-Chrysokoll.

96   Große Vase aus »Blue John«.

EDELSTEINE FÜR DEN SAMMLER

97 Tansanit

98 Taaffeit

99 Benitoit

100 Cordierit

101 Andalusit

102 Fibrolith

Diese schönen Edelsteine sind kaum in Schmuckstücken zu sehen, sie werden aber von Sammlern seltener und ungewöhnlicher Edelsteine sehr begehrt. Alle sind auf irgendeine Art und Weise außergewöhnlich: möglicherweise aufgrund ihrer außerordentlichen Seltenheit, ihrer auffälligen Farbe oder ihres starken Pleochroismus – oder auch wegen sämtlicher Eigenschaften zusammen.

TANSANIT
Der 1967 in Tansania entdeckte Tansanit ist eine blaue Varietät des Minerals Zoisit. Der Stein ist stark pleochroitisch und gibt bei Betrachtung in verschiedenen Richtungen tiefblaue, purpurrote und gelblich-grüne Farben wieder.

TAAFFEIT
Der abgebildete Edelstein ist der zuerst gefundene Taaffeit überhaupt. Er wurde 1945 von Count Taaffe von Dublin unter Edelsteinen gefunden, die aus alten Schmuckstücken stammten. Taaffeit ist ein sehr seltenes Beryllium-Magnesium-Aluminium-Oxid-Mineral, das im Farbton dem Spinell gleicht.

BENITOIT
Benitoit wurde 1906 in der Nähe des San-Benito-Flusses in Kalifornien entdeckt, nach wie vor der einzige Fundort dieses Barium-Titan-Silikat-Minerals.

CORDIERIT (IOLITH)
Cordierit ist für seinen starken Pleochroismus bekannt. In einer Richtung zeigt er ein intensives Blau, welches beim Drehen des Steins nahezu farblos wird.

ANDALUSIT und FIBROLITH
Andalusit und Fibrolith besitzen die gleiche chemische Zusammensetzung aus Aluminiumsilikat, unterscheiden sich aber in der Entstehung und in der Feinstruktur. Andalusit zeigt auffallend rote und grüne pleochroitische Farben, die beide in diesem makellosen Stein erkennbar sind. Fibrolith ist eine seltenere Varietät des Minerals Sillimanit. Der abgebildete burmesische Stein zeigt bläulich-violette und blaßgelbe pleochroitische Farben. Da Fibrolith

EDELSTEINE FÜR DEN SAMMLER

leicht spaltet, sind große und zugleich geschliffene Steine sehr selten.

SPHEN (TITANIT)
Sphen wird aufgrund des ausgeprägten Glanzes und Feuers geschätzt, ist aber eher weich. Kristalle dieses Kalzium-Titan-Silikat-Minerals in Edelsteinqualität sind goldbraun bis grün.

KUNZIT
Kunzit ist die rosafarbene Varietät des Minerals Spodumen. Er ist auffallend stark pleochroitisch und spaltet leicht entlang zweier Kristallrichtungen, so daß er schwer zu schleifen ist.

KORNERUPIN
Kornerupin ist ein seltenes Bor-Silikat-Mineral, welches in Grün- und Brauntönen vorkommt. Die abgebildete smaragdgrüne Farbe ist sehr ungewöhnlich.

DIOPSID und ENSTATIT
Diopsid und Enstatit sind recht weit verbreitete Silikatminerale. Die am meisten geschätzten Edelsteinvarietäten sind die dunklen Sterndiopside, tiefgrüne Chrom-Diopside und Chrom-Enstatite.

SKAPOLITH
Skapolith in Edelsteinqualität wurde zuerst in Burma gefunden, Lieferant der hier abgebildeten Katzenaugen. Die Zusammensetzung des Skapoliths gleicht der des Feldspats.

104   Kunzit

106   Diopsid und Enstatit

103   Sphen

105   Kornerupin

107   Skapolith

SCHMUCKSTEINE VON PFLANZEN UND TIEREN

108 Tausendfüßer und Insekten in Bernstein.

110 Halsketten aus Gagat.

109 Bernstein auf einem Strand in Norfolk.

111 Unbearbeitete und polierte Korallen.

Unsere frühesten Schmucklieferanten waren Pflanzen und Tiere, wie Funde aus paläolithischen Gräbern und von Wohnplätzen belegen: geschnitzte Knochen und Perlen aus Elfenbein, aber auch Bernstein und Muscheln. Diese »organischen« Schmucksteine sind weicher und weniger fest als die meisten anderen Edelsteine, die Härten betragen 4 und weniger, die Dichte liegt zwischen 1,04 (Bernstein) und 2,78 (Perle).

Bernstein ist ein Sammelbegriff für fossilisiertes Baumharz, umfaßt also viele Harze verschiedener chemischer und physikalischer Eigenschaften. Bisweilen erbringen eingeschlossene Tiere den ungewöhnlichen Beweis für den Ursprung (Abb. 108). Das Gros des im Handel befindlichen Bernsteins kommt von den Küsten der Ostseeländer Rußland und Polen, geringe Mengen aus der Dominikanischen Republik, aus Sizilien, Burma, Nordamerika und Mexiko. Bernstein hat eine geringere Dichte als die meisten Imitationen aus Kunststoff oder Harz, er schwimmt auf Salzwasser. Baltischer Bernstein wird gelegentlich auf die Strände Ostenglands gespült.

Gagat ist fossilisiertes Holz, dunkelbraun oder schwarz gefärbt, leicht zu bearbeiten und gut zu polieren. In linsenartig geformten Massen ist es in den oberliassischen Schiefern um Whitby in der Provinz Yorkshire/England zu finden, kommt aber auch in Spanien, Frankreich, Deutschland, der Türkei, den USA und in Rußland vor. Gagat aus Yorkshire findet bereits seit der Bronzezeit Verwendung und war besonders als viktorianischer Trauerschmuck beliebt. Manche Nachahmungen bestehen aus Glas, auch als »Pariser Gagat« bekannt, andere z. B. aus Hartgummi.

Die Bezeichnung Elfenbein gilt für die Zähne und deren Abarten (Stoßzähne) von Elefant, Mammut, Walroß, Flußpferd, Wildschwein, Narwal und Pottwal. Zähne und Stoßzähne werden hauptsächlich aus dem Phosphatmineral Hydroxylapatit und organischen Substanzen aufgebaut. Elfenbeinarten können aufgrund der Strukturen erkannt und unterschieden werden: Beispielsweise zeigt Elfenbein von Elefant und Mammut im Querschnitt ein Muster sich kreuzender bogenförmiger Linien (Abb. 112), Wal

SCHMUCKSTEINE VON PFLANZEN UND TIEREN

112   Skulptur aus Elefantenelfenbein, Japan.

114   Kamee in einer Schale der Helmschnecke.

roßelfenbein besitzt ein charakteristisches grobkörniges Mark.

Perlen werden von einigen im Wasser lebenden Weichtieren, insbesondere Muscheln, erzeugt. Sie werden durch die weichen Innengewebe des Tieres um einen Fremdkörper, wie z. B. einen Parasiten oder ein Sandkorn, herum ausgeschieden und setzen sich aus Lagen von Aragonit (Kalziumkarbonat) zusammen, die als Perlmutt bekannt sind. Der großartige Glanz, »Lüster« oder »Orient« der Perle beruht auf Interferenzen des Lichtes, das an den Grenzflächen dieser dünnen Schalenlagen reflektiert wird. Die prächtigsten Perlen liefern Meeres-Perlmuscheln der Gattung *Pinctada*. Es gibt aber auch eine Süßwasser-Perlmuschel, die in kalkarmen, kalten Fließgewässern des mittleren und nördlichen Europa lebt. Früher wurden auch in Deutschland makellose Perlen in der Flußperlmuschel gefunden.

Einige Muschelarten werden in Farmbetrieben gezogen, um Zuchtperlen zu gewinnen. Hierbei wird ein Kügelchen oder ein Partikel des Körpergewebes in das Fleisch der Muschel eingeführt, wobei sich um diesen Fremdkörper Perlmutt in Form einer Perle absetzt, die mehrere Jahre später geerntet werden kann. Zuchtperlen werden in China seit Jahrhunderten gewonnen, moderne Zuchtbetriebe wurden in Japan im späten 19. Jahrhundert begründet.

Korallen sind eigentlich Skelette, die von kleinen Seetieren, den Polypen, aufgebaut werden. Rote, rosafarbene, weiße und blaue Korallen bestehen aus Kalziumkarbonat, dagegen werden schwarze und goldfarbene Korallen aus einer organischen Hartsubstanz namens Conchiolin gebildet. An sämtlichen Korallen ist die Skelettstruktur als feines, streifiges oder gesprenkeltes Muster erkennbar. Rote und rosafarbene Korallen des Mittelmeers waren jahrhundertelang populär; ihr Handel erstreckte sich einst über Europa bis nach Indien und Arabien. Die schwarzen und goldfarbenen Korallen, die aus den Gewässern vor Hawaii, Australien und den Westindischen Inseln stammen, sind Entdeckungen der Neuzeit.

Perlmutt ist der irisierende Innenbelag mancher Muscheln und Schnecken; dieser ist besonders schön in der Perlmuschel *Pinctada* (Abb. 113) und in Meerohr-Schnecken ausgebildet. Die unterschiedlich gefärbten Schichten der Helmschnecke und manchmal riesiger Seemuscheln wurden gewonnen, um daraus vorzüglich gearbeitete Kameen herzustellen (Abb. 114).

113   Perlen und Muschelschalen.

MEHR SCHEINEN ALS SEIN

115   Grenzfläche (Pfeile) in einer Dublette.

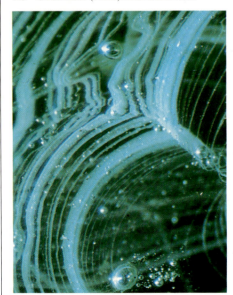

116   Bläschen und Schlieren in Glas.

Jeder attraktive Gegenstand befindet sich nur selten längere Zeit auf dem Markt, ohne kopiert oder nachgeahmt zu werden. Seit mindestens 6000 Jahren werden Edelsteine durch eine Vielzahl von Materialien imitiert, die als Nachahmungen, zusammengesetzte Steine oder Synthesen beschrieben werden können.

Edelsteinimitationen ähneln natürlichen Steinen nur äußerlich, sind aber gewöhnlich von diesen sowohl in ihrer Zusammensetzung als auch in optischen und physikalischen Eigenschaften völlig verschieden. Es können künstliche Substanzen oder natürliche Minerale mit ähnlicher Farbgebung wie der nachzuahmende Edelstein sein. Glas ist ein allgemein beliebtes Material für Fälschungszwecke, da es in nahezu jeder Farbe herzustellen ist und die Formgebung durch Gießen und Schleifen erfolgen kann. Die meisten Gläser sind deutlich weicher als die zu imitierenden Edelsteine, sie splittern während des Tragens stark ab. Ferner kann Glas Bläschen enthalten und eine charakteristische schlierige oder verwirbelte Maserung zeigen (Abb. 116). Glas ist einfach lichtbrechend, wobei der Brechungsindex zwischen 1,5 und 1,7 liegt; kein einfach brechendes Edelsteinmineral liegt innerhalb dieses Wertebereichs.

Die in jüngster Zeit entwickelten Imitationen sind Nachahmungen des Diamanten, wie kubischer Zirkonia und Yttrium-Aluminium-Granat (YAG), die ursprünglich zur Verwendung auf den Gebieten der Laser- und Elektronikforschung hergestellt wurden. Mit ihren hohen Brechungsindices und ihrem ausgeprägten Glanz sind sie mit Hilfe visueller Untersuchungen kaum zu entlarven, können jedoch vom Diamant aufgrund des niedrigeren Reflexionsvermögens und der geringeren Wärmeleitfähigkeit unterschieden werden. Für derartige Untersuchungen wurden zahlreiche Geräte entwickelt.

Zusammengesetzte Steine werden bereits seit römischer Zeit angefertigt. Die gewöhnlichsten Montagen sind Dubletten, die aus zwei miteinander verklebten Teilen bestehen. Opaldubletten (s. S. 23) werden meist als solche ausgewiesen und verkauft. Dagegen dienen Dubletten mit einem Unterteil aus gefärbtem Glas und einem Oberteil von einem harten Mineral der Irreführung. Dubletten mit einem Oberteil aus Granat dienen der Imitation von Edelsteinen sämtlicher Farben. Die Grenzfläche zwischen Granat und Glas ist an Unterschieden des Glanzes oder an den Bläschen des Klebstoffs erkennbar (Abb. 115). Soudé-Smaragde setzen sich aus

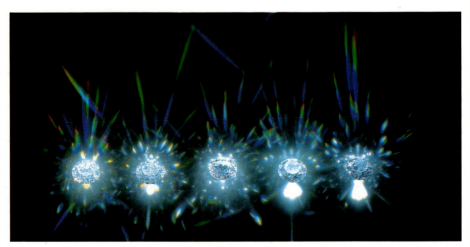

117   Lichtschwund eines Diamanten (Mitte) und einiger gewöhnlicher Nachahmungen.

MEHR SCHEINEN ALS SEIN

einem Ober- und einem Unterteil aus Quarz zusammen, zwischen denen eine Schicht aus Glas oder Gelatine in smaragdgrüner Farbe liegt. Der bei diesen Steinen aus mehreren Lagen bestehende Aufbau kann durch Eintauchen in Wasser erkannt werden, doch der Nachweis ist schwierig, sobald die Steine bereits im Schmuck gefaßt sind.

Synthesen sind annähernd genaue Kopien natürlicher Edelsteinminerale. Die meisten künstlichen Steine werden unter Laborbedingungen durch Schmelzen oder Auflösen geeigneter Mineralbestandteile und Farbstoffe hergestellt, wobei diese Schmelzen oder die Lösungen anschließend bei genau vorgegebenen Drücken und Temperaturen kristallisieren. Die hierbei gezogenen Kristalle stimmen tatsächlich sowohl in Zusammensetzung als auch in der Kristallstruktur mit den natürlichen Edelsteinmineralen überein, sie besitzen somit sehr ähnliche optische und physikalische Eigenschaften.

Die ersten Synthesen in Edelsteinqualität waren die im Jahre 1902 von Auguste Verneuil hergestellten Rubine bei Verwendung eines Flammenschmelzprozesses. Wenig später folgten synthetische Spinelle und Saphire. Dieses Verfahren erwies sich als sehr kostengünstig und effektiv, so daß es nach wie vor zur Produktion der meisten künstlichen Rubine, Saphire und Spinelle eingesetzt wird. Smaragde werden dagegen durch andere Prozesse gewonnen, sie benötigen neun Monate zur Kristallisation aus einer Schmelze. Folglich sind synthetische Smaragde teuer, aber sie kosten dennoch nur $^1/_{10}$ wie gute natürliche Steine. Mittlerweile können alle Edelsteine künstlich hergestellt werden.

Aufgrund der Wertunterschiede ist es erforderlich, zwischen natürlichen und synthetischen Edelsteinen unterscheiden zu können. Zum Glück liefern einige Produktionsverfahren Hilfsmittel, mit denen man Wachstumsstrukturen und Einschlüsse erkennen kann, wie zum Beispiel die gebogenen Wachstumszonen und Bläschen in den nach dem Verneuil-Verfahren hergestellten Synthesen (Abb. 121), oder die Schleier mit flüssigkeitsgefüllten Röhrchen in einigen künstlichen Smaragden (Abb. 119). Viele synthetische Opale zeigen ein feinschuppiges Muster, das »Eidechsenhaut«-Phänomen, das in Abb. 118 dargestellt ist. Fehlerfreie Edelsteine werfen weitaus größere Probleme auf. Deshalb muß der Gemmologe hier auf komplizierte Geräte und Verfahren, wie z. B. die Infrarotspektroskopie, für eine sichere Beurteilung zurückgreifen.

119 Streifige Schleier in synthetischem Smaragd.

120 Verneuil-Rubine und -Saphire (unbearbeitet).

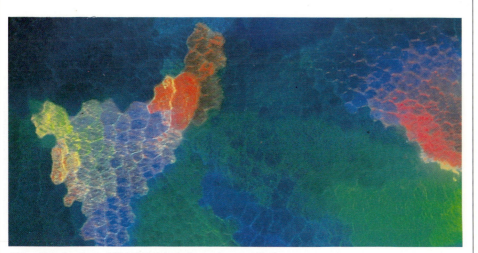

118 »Eidechsenhaut«-Effekt in synthetischem schwarzen Opal.

121 Wachstumszonen und Bläschen in Verneuil-Rubin.

EINSCHLÜSSE

122 Dreiphaseneinschlüsse in kolumb. Smaragd.

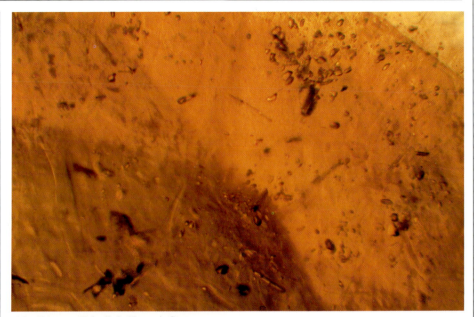

124 Gebogene Kristalle in Hessonit-Granat.

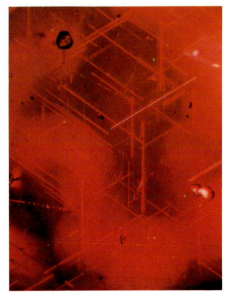

123 Rutilnadeln, teilweise korrodiert, in Rubin.

125 Rutilnädelchen und »Federn« in Saphir.

EINSCHLÜSSE

Für viele Leute bedeuten Einschlüsse Fehler, die den Wert eines Edelsteins reduzieren; dem Mineralogen oder Gemmologen jedoch können sie die Identität eines Edelsteins, die Bildungsbedingungen und sogar den Fundort offenbaren. Einschlüsse gewannen seit dem Erscheinen künstlicher Edelsteine an Bedeutung, liefern sie doch oft Beweise für eine natürliche oder eine künstliche Herkunft (s. S. 47). Die meisten Einschlüsse können mit einer Handlupe erkannt werden, am besten sind sie aber unter der stärkeren Vergrößerung eines Mikroskops zu beobachten.

Viele Edelsteine schließen kleine Kristalle ein, meist von anderer Mineralart als der Wirtsedelstein. Solche Kristalle liefern wertvolle Hinweise auf Temperaturen, Drücke und Gesteinsarten, innerhalb derer die Edelsteine gebildet worden sind. Beispielsweise enthalten kolumbianische Smaragde charakteristische Dreiphaseneinschlüsse: eckige Hohlräume enthalten Salzlauge, einen Salzkristall und ein Gasbläschen (Abb. 122). Sie belegen, daß diese Smaragde aus heißen, mineralisierenden Flüssigkeiten kristallisierten. Smaragde vieler anderer Lokalitäten enthalten Glimmerblättchen, die von den Glimmerschiefern stammen, in denen sie entstanden. Einschlüsse in Diamanten können Informationen sowohl über die Entstehung dieser besonders rätselhaften Edelsteine als auch über das Muttergestein, in dem der Diamant gebildet wurde, liefern. Die von bestimmten Mineraleinschlüssen abgeleiteten Altersdatierungen belegen für einige Diamanten ein Entstehungsalter von über 3 Milliarden Jahren.

Kristalleinschlüsse können exakt geformt oder gerundet sein. Das charakteristische Innengefüge zahlreicher Hessonit-Granate wird durch Unmengen gerundeter Apatit- und Kalzitkristalle bestimmt (Abb. 124). Langgestreckte Röhrchen und nadelartige Kristalle von Rutil, Hornblende und Asbest tauchen in vielen Edelsteinen auf, oft parallel zu einer oder mehreren Kristallrichtungen angeordnet (Abb. 123 und 125). Sind diese reichlich vorhanden, verursachen sie Katzenaugen- und Sterneffekte (Abb. 21).

Wegen Spannungen während der Kristallisation wie auch bei späteren Bewegungen im Gesteinsverband können sich Brüche und Spaltrisse in den Mineralen bilden. Die in vielen Peridoten erkennbaren »Seerosenblättchen« sind Spannungsrisse (Abb. 126), die sich um eingeschlossenen Chromit oder andere Kristalle bilden. Mondsteine führen bisweilen insektenförmige Strukturen, die sich, bei genauer Untersuchung erkennbar, aus kleinen Spaltrissen zusammensetzen (Abb. 127) und völlig verschieden von tatsächlichen Insekteneinschlüssen in Bernstein sind (Abb. 108). Durch Aufheizung und Umbildung des Muttergesteins können Risse teilweise ausheilen: Viele solcher Risse behalten Einschlüsse mit Flüssigkeit zurück, wie zum Beispiel die »Federn« im Saphir von Abb. 125.

128 »Tigerstreifen«-Struktur in Amethyst.

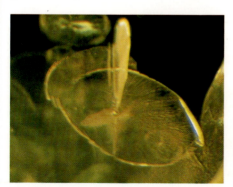

126 Ein »Seerosenblättchen« in Peridot.

127 »Pseudoinsekten« in Mondstein.

FUNDSTELLEN VON EDELSTEINEN

Edelsteinkristalle oder edelsteinhaltigen Schotter zu finden kann ein aufregendes Ereignis sein, insbesondere wenn es zur Entdeckung eines reichen Edelsteinvorkommens führt. Derartige Entdeckungen sind selten, da Edelsteinlagerstätten nur einen winzigen Anteil der Erdkruste ausmachen. Sie sind deshalb so selten, weil bestimmte physikalische und chemische Bedingungen, die zur Bildung von Edelsteinen bzw. zu deren Transport an die Erdoberfläche führen, zusammentreffen müssen. Die Entstehungsmöglichkeiten von Edelsteinmineralen sind so verschiedenartig wie die Gesteine, in denen sie vorkommen. Sie werden in Abb. 130 dargestellt. Die Zahlen im folgenden Text gelten für diese Grafik.

Viele Edelsteinminerale kristallisieren bei hohen Temperaturen und großen Drücken tief in der Erdkruste und im darunterliegenden Erdmantel. Diamant (9) bildet sich in Tiefen von 100 bis 200 km, wo Temperaturen um 1200 °C herrschen. Aus dieser Region stammen auch einige der roten Pyrop-Granate und der seltenen Chrom-Diopside. Ultrabasische Gesteine des Grenzbereichs Kruste/Mantel enthalten reichlich Olivin. Jedoch nur ein Bruchteil erreicht die Erdoberfläche, und wiederum hiervon ist nur ein minimaler Anteil Peridot in Edelsteinqualität (7). Diese Gesteine und Minerale gelangen entweder durch Aufstieg bei gebirgsbildenden Vorgängen (13) oder in empordringenden Magmen (10) an die Erdoberfläche. So wurden z. B. die in tiefen Bereichen gebildeten Minerale Rubin, Spinell und Jadeit bei der Entstehung des Himalaya-Gebirges an die Oberfläche transportiert, wogegen die in Basaltlaven gefundenen Zirkone, Granate, Rubine und Spinelle (11) aus beträchtlichen Tiefen unterhalb Nord- und Südthailand mit dem Magma aufgestiegen sind. Sobald sich Gesteine an der Erdoberfläche befinden, werden sie durch Verwitterungsprozesse aufbereitet (14). Dabei werden die Edelsteinminerale freigesetzt, anschließend talwärts befördert und schließlich durch fließendes Wasser in Sanden und Schottern (15) angereichert.

Während im oberen Bereich der Erdkruste der Druck niedrig ist, sind die Temperaturen je nachdem, ob basaltische oder granitische Magmen vorliegen, sehr verschieden (4 und 5). Derartige Magmen können heiß genug sein, um einen aluminiumreichen Schieferton in Tonschiefer umzuwandeln, der Granat, Cordierit oder Andalusit führt. Von Magmen aufsteigende Flüssigkeiten, die mit Kalkstein reagieren, führen zur Bildung von Skarngesteinen (4). Diese sind reich an seltenen Mineralen und Edelsteinen wie Lapislazuli, Idokras, Grossular-Granat und Skapolith. Während der Endphase zahlreicher Granitkristallisationen können Elemente wie Lithium, Beryllium und Bor, die in der Erdkruste relativ selten sind, in den Restflüssigkeiten und -dämpfen angereichert werden. Aus dem flüssigen Restmagma bilden sich mit sinkender Temperatur Pegmatite (3). Sie sind somit die wichtigste Quelle für Beryll, Turmalin, Spodumen und Topas. Ausgezeichnete Kristalle in Edelsteinqualität werden in Pegmatiten Brasiliens, Kaliforniens, Madagaskars und des Urals gefunden. Pegmatite zeichnen sich durch die beachtlichen Ausmaße ihrer Kristalle aus. Undurchsichtige Berylle und Spodumene können mehrere Meter Länge erreichen, Material in Edelsteinqualität ist dagegen kleiner, aber immerhin noch in Kristallen bis zu mehreren Kilogramm Gewicht.

In der Nähe der Erdoberfläche können magmatische Flüssigkeiten in Wechselwirkung mit dem Grundwasser treten und beachtliche Stoffverlagerungen durch Auflösung und Wiederausfällung bewirken. Diese Flüssigkeiten können bestimmte Metalle aus Erzkörpern auslaugen und an anderer Stelle wieder absetzen, wo sie dann sekundäre Erzkörper bilden. Die Kupferkarbonate Malachit und Azurit werden auf diese Art in der Nähe von Kupfererzvorkommen gebildet. Türkis (1) stellt eine sekundäre Anreicherung von Phosphat zusammen mit Kupfer und Eisen dar. Große Mengen von Quarz und Chalzedon werden von siliziumdioxidreichen Lösungen in Spalten und Hohlräumen abgesetzt; der überwiegende Anteil des im Handel befindlichen Amethysts und Achats findet sich als Auskleidung und Ausfüllung von Hohlräumen in Laven (12).

Im Gegensatz zu den aus relativ zügig bewegten Flüssigkeiten gebildeten Edelsteinen entsteht Edelopal als eine Ansammlung von Kügelchen aus Siliziumdioxid unter extrem stabilen Verhältnissen und bei größter Ruhe (2). Diese Voraussetzungen werden sowohl in porösen Sedimentgesteinen, die sich in Bereichen langfristiger Krustenstabilität wie in Australien oder Brasilien befinden, erfüllt, als auch gelegentlich in Hohlräumen vulkanischer Gesteine, wie zum Beispiel in Ungarn, der Slowakei, in Mexiko und Honduras.

129 Saphirführendes Konglomerat, Australien. Die Saphire stammen von basaltischem Gestein.

ENTSTEHUNG VON EDELSTEINMINERALEN

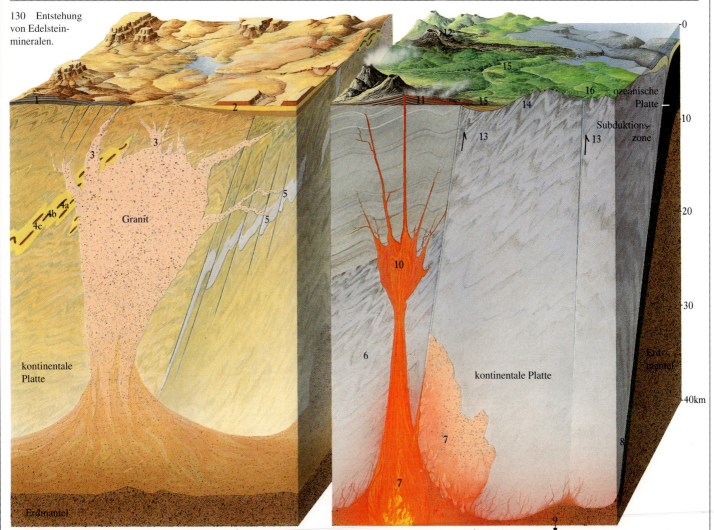

130 Entstehung von Edelsteinmineralen.

1 Türkis tritt häufig in Form von Gängen und Knollen in verwitterten Vulkangesteinen auf.
2 In Sedimenten entsteht Opal durch Verdunstung kieselsäurereichen Grundwassers.
3 In Pegmatiten kristallisieren Aquamarin, Turmalin, Topas, verschiedene Quarzarten, Spessartin-Granat, Chrysoberyll, Mondstein, Skapolith und Spodumen aus.
4 Aufgrund chemischer Reaktionen zwischen heißen granitischen Fluiden und verunreinigtem Schieferton und Kalkstein bilden sich a) Rubin, Saphir, Spinell und Zirkon, b) Lapislazuli, c) Spessartin- und Grossular-Granat.
5 Smaragd bildet sich durch Reaktion von granitischen Fluiden mit chromhaltigen Gesteinen.
6 Durch Metamorphose ursprünglich aluminiumreicher Schlammsedimente entstehen Rubin, Saphir, Spinell, Chrysoberyll und Granate.
7 Peridot bildet sich in Basalten und ultrabasischen Gesteinen.
8 Jadeit entsteht bei hohem Druck in Subduktionszonen.
9 Pyrop-Granat und Diamant entstehen im Erdmantel.
10 Mit aufsteigenden basaltischen Magmen werden Edelsteinminerale mitgerissen.
11 Edelsteinminerale erreichen die Erdoberfläche.
12 Große Mengen von Amethyst, Zitrin, Achat und Opal scheiden sich aus kieselsäurereichen Flüssigkeiten ab und füllen Gashohlräume in Laven.
13 Edelsteinhaltige Gesteine werden angehoben.
14 Durch Verwitterung werden Edelsteinminerale frei.
15 Edelsteinminerale reichern sich in Flußschottern an.
16 Jadeitgerölle sammeln sich in Flüssen an.

DIAMANTENFELDER

Diamanten werden entweder in schlotförmigen Gebilden (Pipes) aus Kimberlitgestein oder in Fluß- und Strandschottern, in denen sie nach Abtragung solcher Schlote angereichert werden, gefunden.

Alle Diamanten sind irgendwie wertvoll, entweder als Edelstein oder für industrielle Zwecke. Deshalb werden sie im Unterschied zu anderen Edelsteinmineralen viel systematischer und mit großem maschinellen Einsatz abgebaut. Kimberlitschlote können Durchmesser von einigen wenigen Metern bis zu 1,5 km aufweisen und sich in Tiefen bis zu 3 km erstrecken. Alle Schlote werden bis etwa 300 Meter Tiefe im Tagebau abgebaut, darunter durch verschiedene Untertagebauverfahren, zu denen auch die in Abb. 131 dargestellte Blockbruchbaumethode zählt. Durchschnittlich enthält Kimberlit etwa 25 Karat (5 Gramm) an Diamanten pro 100 Tonnen Gestein, wovon lediglich 5 Karat Edelsteinqualität besitzen.

Im Gegensatz hierzu werden die Strandlagerstätten Namibias in riesigen Tagebauen ausgebeutet, hinter Schutzwällen, die aus jenen Sanden errichtet wurden, die auf den älteren, diamantführenden Strandterrassen lagen. Hier beträgt die Ausbeute nur 5 Karat auf 150 Tonnen bewegten Materials, doch fast alles in Edelsteinqualität.

Diese geringen Gehalte werden dadurch gewonnen, daß man sich die einzigartigen Eigenschaften vom Diamant zunutze macht. Nach dem Zerkleinern der Gesteine werden die Schwerminerale, einschließlich Diamant, abgetrennt. Anschließend werden diese Schwerminerale auf ein mit Fett versehenes Endlosfließband gegeben, wo sämtliches Material, außer Diamant, durch einen Wasserstrahl abgespült wird; Diamanten haften weiterhin am Fett, da sie nicht vom Wasser benetzt werden. Im Rahmen eines anderen Trennverfahrens passieren die Schwerminerale eine Röntgenquelle. Da Diamanten fluoreszieren, können sie in ein gesondertes Gefäß abgetrennt werden.

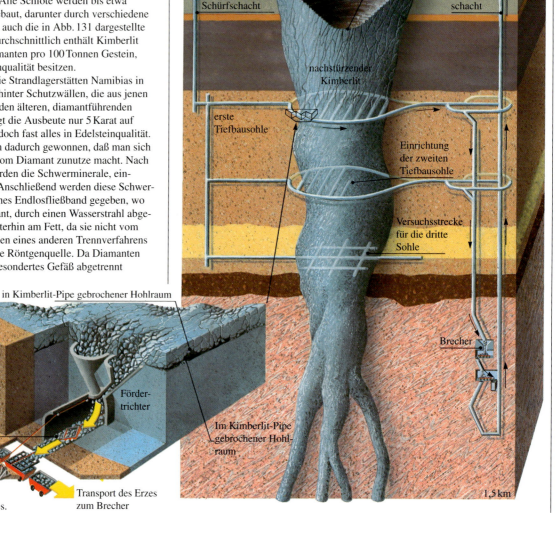

131 Abbau eines Kimberlitschlotes.

EDELSTEINSEIFEN

Edelsteinseifen gehören zu den ergiebigsten Lagerstätten wertvoller Edelsteine. Edelsteinreiche Schotter bilden sich, weil die meisten Edelsteinminerale gegenüber Verwitterungsprozessen widerstandsfähiger als deren Muttergesteine sind. Edelsteinkörner reichern sich entweder in der verwitterten Bodenschicht des Muttergesteins an, oder sie werden hangabwärts gespült und in einiger Entfernung vom Ausgangsgebiet in Flußschottern abgesetzt. Da Edelsteinminerale allgemein schwerer als viele der sonst verbreiteten Minerale sind, kommt es in Bereichen, wo das Flußwasser an Geschwindigkeit und Menge abnimmt, zu Anreicherungen. Werden Edelsteinminerale über weite Entfernungen und unter wechselnden Bedingungen transportiert, so werden deren fehlerreiche Partien weitgehend zerstört, und deshalb findet sich oft hochqualitatives Material in Schottern.

Die unregelmäßige Verteilung des edelsteinhaltigen Materials einer jeden Lagerstätte erlaubt kaum eine Voraussage über mögliche Erträge. Da viele Vorkommen zudem kleinräumig sind und sich in abgelegenen und schwer zugänglichen Regionen befinden, ist ein mechanisierter Abbau in großem Maße nur selten wirtschaftlich. Unverfestigte Seifen sind von allen Edelsteinlagerstätten am einfachsten abzubauen. Viele Edelsteinseifen werden daher bereits seit Jahrhunderten von Hand ausgebeutet. Bei Pailin (Abb. 132) wird das Seifenmaterial auf einem einfachen Schwingtisch (Bildmitte) gewaschen und geschieden. Anschließend werden die Saphire aus den konzentrierten Rückständen von Hand verlesen (rechter Vordergrund).

Der Abbau in den australischen Saphirfeldern erfolgt systematischer und unter aufwendigem Einsatz von Maschinen (Abb. 133). Zuerst werden Bohrungen zur Ermittlung von Verbreitung und Gehalt der Edelsteinseifen niedergebracht. Dann wird das Seifenmaterial mit großen Maschinen abgebaut, zerkleinert und in einer Drehtrommel nach Korngrößen sortiert. Das feinkörnige Material, das die Saphire enthält, wird zur Schwermineralanreicherung auf Schwingsetzkästen gegeben. Schließlich wird das so erhaltene Konzentrat von Hand verlesen.

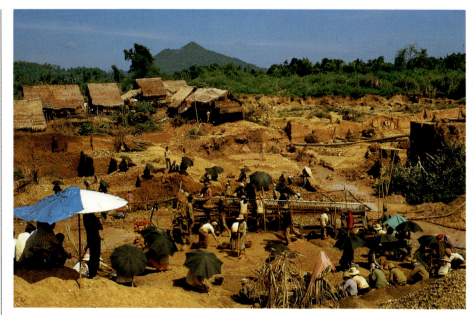

132 Edelsteinwaschen in den Rubin- und Saphirfeldern von Pailin, Kampuchea.

133 Saphirgewinnung am Kings Plains Creek, New South Wales/Australien.

EDELSTEINLAGERSTÄTTEN DER WELT

Die Erforschung unseres Planeten hat zur Entdeckung von Edelsteinlagerstätten in fast allen Ländern geführt. Aber nur in wenigen Gebieten werden Edelsteine in großer Vielfalt und Menge gewonnen, wie beispielsweise in Minas Gerais, Brasilien, und in Mogok, Burma. Andere Gebiete liefern manchmal eine einzige Edelsteinsorte in bester Qualität, wofür die kolumbianischen Smaragde ein gutes Beispiel sind. Viele der Vorkommen sind kleinräumig und schnell erschöpft, einige wenige jedoch, wie in Burma, Sri Lanka und Afghanistan, werden seit Jahrhunderten ausgebeutet. Das Symbol † kennzeichnet Vorkommen von historischer Bedeutung, die heute nur mehr geringe oder keine Erträge liefern.

134 Edelsteinlagerstätten der Welt.

EDELSTEINLAGERSTÄTTEN DER WELT

BESTIMMUNG VON EDELSTEINEN

Wie läßt sich ein Edelstein angesichts der enormen Fülle verschiedener Merkmale identifizieren? Hier hilft die Erfahrung, denn je intensiver das Betrachten von und die Beschäftigung mit Edelsteinen erfolgt, desto sicherer können Eigenschaften wie Farbe, Glanz und Dichte beurteilt werden. Da aber selbst große Erfahrungen eine Bestätigung erfordern, nutzen hierzu Juweliere drei einfache Geräte.

Viele wichtige innere und äußere Merkmale eines Edelsteins können mit Hilfe einer Lupe erkannt werden, nachdem der Stein von Staub und Fett gesäubert wurde. Eine 10fache Vergrößerung reicht aus, um die Qualität des Schliffs und das Ausmaß der Empfindlichkeit gegenüber der Sprödheit zu beurteilen (Abb. 136). Ebenfalls kann man die »Orangenhaut«-Oberflächen von Jadeskulpturen und die ungleichmäßige Verteilung der Farbe einiger behandelter Steine erkennen. Das Studium der Einschlüsse kann Anhaltspunkte zur Identität und Entstehung eines Steines liefern: In natürlichen Edelsteinen finden sich gewöhnlich Kristalle und geradlinige Wachstumszonen (Abb. 135), wogegen Bläschen und gebogene Wachstumszonen charakteristisch für Glas und einige Synthesen sind. In doppelbrechenden Edelsteinen können die zuunterst liegenden Facettenkanten beim Blick durch den Stein doppelt erscheinen (Abb. 137).

Bei den meisten Edelsteinen sind Brechungsindex (RI) und Doppelbrechung feste Größen. Diese Eigenschaften können mit Hilfe eines Refraktometers (Abb. 139) gemessen werden, sofern der Edelstein eine flach polierte Oberfläche besitzt. Diese Fläche wird auf ein Glasprisma des Refraktometers gelegt. Dabei fällt Licht einer einzigen gelben Wellenlänge in das Gerät. Ist der RI des Edelsteins niedriger als der des Prismenglases, wird ein Teil des Lichts durch den aufliegenden Edelstein gebrochen, das restliche Licht wird zurück in das Gerät reflektiert. Beim Blick in das Okular erscheint die Schnittlinie zwischen gebrochenem und reflektiertem Licht als eine oder als zwei Schattenkanten, je nachdem, ob der Edelstein einfach oder doppelbrechend ist. Die Breite des Schattenbereichs ist von der Lichtbrechung des Edelsteins abhängig. Die Ablesung erfolgt in einem Skalenbereich zwischen 1,3 und 1,8.

Das kleine Spektroskop ist zur Unterscheidung zwischen Edelsteinen und Nachahmungen mit ähnlichen Farben hilfreich. Das durch einen Spalt in das Instrument eintretende Licht wird durch Glasprismen oder Beugungsgitter in ein Farbspektrum zerlegt. Befindet sich zwischen einer starken Lichtquelle und dem Eintrittsspalt ein Edelstein, so erscheinen in diesem Spektrum dunkle Streifen als Resultat einer Absorption von Licht bestimmter Wellenlängen. Diese absorbierten Wellenlängen sind entsprechend des jeweils farbgebenden Elements unterschiedlich, so daß die Absorptionsspektren von Edelsteinen sehr ähnlicher Färbungen ganz unterschiedlich sein können (Abb. 138). Dieses Prüfverfahren kann sowohl bei geschliffenen Steinen als auch an Rohmaterial angewendet werden.

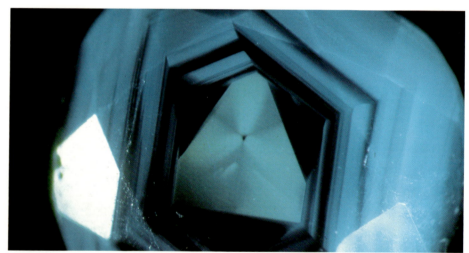

135 Wachstumszonen in Saphir.

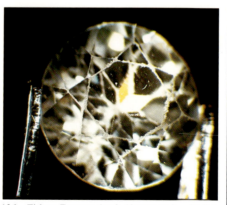

136 Zirkon, Facetten durch Abnutzung beschädigt.

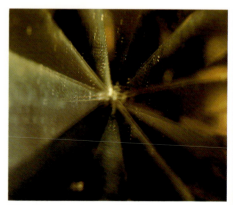

137 Doppelbrechung in Sinhalit.

BESTIMMUNG VON EDELSTEINEN

138 Benutzung des Spektroskops, rechts daneben Absorptionsspektren von drei roten Steinen.

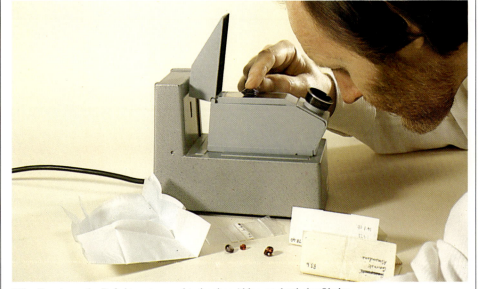

139 Benutzung des Refraktometers, rechts daneben Ablesung durch das Okular.

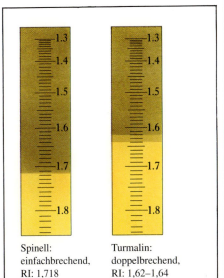

EINE AUSWAHL BERÜHMTER EDELSTEINE

140 Dolch mit Goldscheide.

142 Der Grüne-Dresden-Diamant.

141 Der Timur-Rubin.

Dolch mit Goldscheide (Abb. 140)
Museum des Topkapi-Palastes, Istanbul
Die Schatzkammer des Topkapi-Palastes ist bekannt für ihre herrlichen kolumbianischen Smaragde. Der Griff dieses aus dem 18. Jahrhundert stammenden Dolches ist mit drei Smaragden verziert. Er wird durch einen Uhrendeckel in Form einer Smaragdscheibe abgeschlossen. Die Goldscheide ist mit Diamanten und einer Blumendekoration verziert.

Der Timur-Rubin (Abb. 141)
Privatsammlung Ihrer Majestät Königin Elisabeth II.
Der große, mittlere Stein dieser Halskette ist in Wirklichkeit ein Spinell, der 352,5 Karat wiegt. Wenngleich schon als solcher ein prächtiger Edelstein, so gewinnt er zusätzlich an Faszination durch Namensinschriften königlicher Vorbesitzer, einschließlich Timur (Tamerlan) und einiger mongolischer Herrscher.

EINE AUSWAHL BERÜHMTER EDELSTEINE

Der Grüne-Dresden-Diamant (Abb. 142)
Grünes Gewölbe, Dresden
Dieser Diamant von 41 Karat ist der größte bekannte grüne Diamant und zählt somit zu den seltensten Edelsteinen. Er wurde 1743 von August dem Starken, Kurfürst von Sachsen, gekauft und stammt wahrscheinlich aus Indien.

Der Kohinoor-Diamant (Abb. 143)
Britische Kronjuwelen, Tower von London
Eine stattliche Zahl von Legenden umgibt diesen möglicherweise berühmtesten aller indischen Diamanten. Der Kohinoor wechselte oft den Besitzer und gelangte von Indien über die Mongolei nach Persien. Im Jahre 1850 wurde er der Königin Victoria geschenkt und 1852 zum Brillanten umgeschliffen. Dadurch nahm das Gewicht von 186 auf 108,93 Karat ab.

Das Canning-Juwel (Abb. 145)
Victoria und Albert-Museum, London
Eine große und eigenartig geformte Perle bildet den Torso eines Tritonen in diesem Renaissance-Anhänger, der um 1570 gefertigt wurde. Es wird behauptet, dieses Schmuckstück sei einem Mongolenherrscher durch einen Fürsten der Medici überreicht worden, und 1862 von Charles John Canning aus Indien mitgebracht worden. Die größeren Rubine und Tropfenperlen wurden in Indien hinzugefügt.

Der Hope-Diamant (Abb. 144)
Smithsonian-Institut, Washington D. C.
Dieser berühmte Diamant ist wahrscheinlich ein Teil des Großen Blauen Diamanten, der vom französischen Handelsherrn und Reisenden Jean-Baptiste Tavernier aus Indien mitgebracht worden war. Er verkaufte ihn an Ludwig XIV., der den Stein umschleifen ließ. Dadurch reduzierte sich das Gewicht von 112 auf 68,7 Karat. Während der Französischen Revolution wurde der Diamant gestohlen und nochmals umgeschliffen. Im Jahre 1830 tauchte er, inzwischen mit 45,5 Karat, in London wieder auf und wurde vom Bankier Henry Hope gekauft. Der Diamant wechselte mehrfach den Besitzer, bevor ihn Harry Winston dem Smithsonian Institut schenkte.

143 Der Kohinoor-Diamant.

145 Das Canning-Juwel.

144 Der Hope-Diamant.

REGISTER

Absorption 10
Absorptionsspektrum 31, 56, 57
Achat 26, 27
Alexandrit 34
Almandin 32, 33
Amazonit 40
Amethyst 24, 25, 49
Andradit 32, 33
Aquamarin 20, 21
Aventurin 24

Bergbau 52, 53
Bergkristall 24, 25
Bernstein 44
Beryll 20, 21
Bestimmung 56, 57
Blue John 41
Blutstein 26, 27
Brechung des Lichts 9
Brechungsindex 9, 56, 57
Brillantschliff 12, 13

Cabochon 12
Chalzedon 26, 27
Chrysoberyll 9, 34
Chrysolith s. Peridot
Chrysopras 26, 27

Demantoid 32, 33
Dendritenachat 26, 27
Diamant 4, 6, 7, 12, 13, 14–17, 52
Dichte 6
Dispersion 11
Doppelbrechung 9, 56
Dubletten 22, 23, 46, 47

Edelsteinfundorte 54, 55
Edelsteinseifen 50, 53
Edelsteinlagerstätten 54, 55
Einfachbrechung 9
Einschlüsse 46–49
Elfenbein 44, 45
Entstehung von Edelsteinen 50, 51

Falkenauge 24, 25
Farbe 10, 11
Feldspat 40
Fluorit 41

Gagat 44
Glanz 9
Granat 32, 33
Grossular 32, 33
Grüner-Dresden-Diamant 58, 59

Härte 7
Heliodor 20, 21
Hessonit 32, 33
Hope-Diamant 59

Imitationen 46, 47
Interferenzfarben 11

Jade 36, 37
Jadeit 36
Jaspis 26, 27

Kamee 2, 26, 27, 45
Karat 6
Karneol 26, 27
Katzenauge 34
Katzenaugeneffekt 9, 34
Kimberlit 16, 52
Kohinoor-Diamant 3, 59
Koralle 44, 45
Korund 18, 19
Kristallstruktur 8
Kristallsysteme 8
Kunzit 8, 43

Labradorit 6, 40
Lapislazuli 39

Malachit 41
Mineraleigenschaften 4
Mohssche Härteskala 7
Mokkastein 26, 27
Mondstein 40, 49
Morganit 20, 21
Muschel 45

Nephrit 7, 36, 37

Onyx 26, 27
Opal 11, 22, 23, 47

Padparadscha 18
Pegmatit 50

Peridot 30, 49
Perle 45
Perlmutt 45
Plasma 26
Pleochroismus 8
Pyrop 32, 33

Quarz 24–27

Rauchquarz 24, 25
Refraktometer 56, 57
Rhodochrosit 41
Rhodonit 41
Rosenquarz 24, 25
Rubin 10, 18, 19, 48, 53

Saphir 10, 18, 19, 48, 49, 50, 53, 56
Sardonyx 26, 27
Schleifvorgang 12, 13
Schönheit 5
Seltenheit 6
Serpentin 41
Sinhalit 30, 56
Smaragd 20, 21, 47–49
Sonnenstein 40
Spaltbarkeit 7, 8
Spektroskop 56, 57
Spessartin 32, 33
Spezifisches Gewicht 6
Spinell 35
Sternsteine 9, 18, 19
Synthesen 47

Taaffeit 6, 42
Tigerauge 24, 25
Timur-Rubin 58
Topas 29
Türkis 10, 38
Turmalin 28

YAG 46

Zirkon 9, 31, 56
Zirkonia 46
Zitrin 24, 25
Zusammengesetzte Steine 46, 47

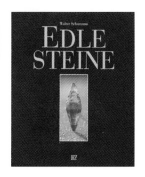

Kunstwerke der Natur

Walter Schumann
Edle Steine
Aufwendig gestalteter, kostbar ausgestatteter Bildband über die phantastische Welt der edlen Steine mit hervorragenden Farbfotos.

Walter Schumann
Edelsteine und Schmucksteine
Alle Edel- und Schmucksteine der Welt. 1500 Einzelstücke als Rohsteine und mit verschiedenen Schliffen: Entstehung, Aufbau, Härte, Gewicht, Gewinnung, Bearbeitung.

Walter Schumann
Mineralien aus aller Welt
Schnellbestimm-System mit Beschreibung der Bestimmungsmerkmale, Vorkommen; Einführung in die Mineralienkunde, brillante Fotos.